高分子材料实验

张启路　刘　峰　吴宏京　杨书桂 / 编著

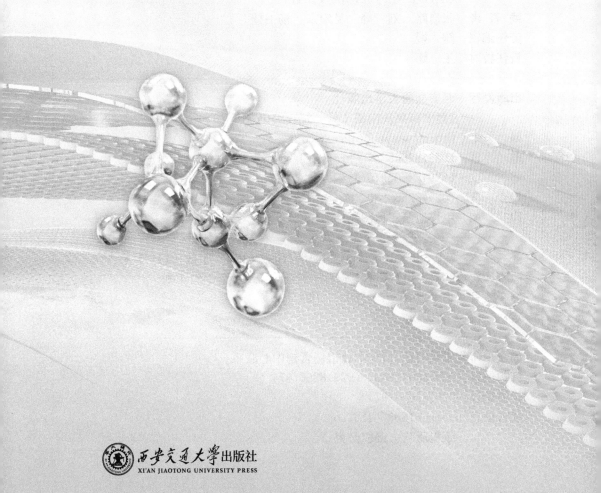

西安交通大学出版社
XI'AN JIAOTONG UNIVERSITY PRESS

图书在版编目(CIP)数据

高分子材料实验 /张启路等编著 . --西安：西安
交通大学出版社,2024.11. -- ISBN 978 - 7 - 5693 - 1096
- 2

Ⅰ. TB324.02

中国国家版本馆 CIP 数据核字第 2024D6J775 号

书　　　名	高分子材料实验	
	GAOFENZI CAILIAO SHIYAN	
编 著 者	张启路　　刘　峰　　吴宏京　　杨书桂	
责 任 编 辑	鲍　媛	
责 任 校 对	王　娜	
出 版 发 行	西安交通大学出版社	
	(西安市兴庆南路 1 号　邮政编码 710048)	
网　　　址	http://www.xjtupress.com	
电　　　话	(029)82668357　　82667874(市场营销中心)	
	(029)82668315(总编办)	
传　　　真	(029)82668280	
印　　　刷	中煤地西安地图制印有限公司	
开　　　本	710 mm×1000 mm　　1/16　　**印张**　8.5　　**字数**　144 千字	
版 次 印 次	2024 年 11 月第 1 版　　　2024 年 11 月第 1 次印刷	
书　　　号	ISBN 978 - 7 - 5693 - 1096 - 2	
定　　　价	28.00 元	

如发现印装质量问题,请与本社市场营销中心联系。

订购热线:(029)82665248　(029)82667874

投稿热线:(029)82665397

读者信息:banquan1809@126.com

前　言

　　材料在工程领域具有不可或缺的地位,这决定了材料学科在新工科建设中的核心基础与前沿地位。材料学科建设的重心在于培养创新型、复合型人才,从而为我国实施人才强国战略、推进强国建设培养高水平人才。高分子材料、金属材料和无机非金属材料是材料学科的三个核心组成部分,是材料学科教学的主要内容。然而与后两者相比,高分子材料的教学具有明显的跨学科特征:涉及高分子化学、高分子物理和高分子加工工程等三个主要领域,这也决定了高分子材料的实践教学也应当具有创新性、综合性等学科特征。

　　在新工科建设背景下,本书编者在多年高分子材料相关理论和实践课程教学经验的基础上,通过广泛调研,编写了这本面向材料科学与工程、高分子科学与工程、应用化学、化学工程等学科本科和研究生实践教学的教材。教材内容主要包括高分子材料实验基础、高分子化学实验、高分子物理实验、高分子材料加工实验和综合拓展实验等五个部分。

　　在实验的选择和编写过程中,编者希望达到以下三个目标:一是引入学科前沿实验,如智能型水凝胶的制备和性能、苯乙烯的原子转移自由基聚合等,着力培养学生的创新能力;二是设计涵盖高分子合成、结构表征、材料加工和性能测试的综合性实验,引导学生全面理解高分子材料从设计到生产的全过程,提高学生的工程思维能力;三是加入拓展阅读,如针对高分子科学的发展与诺贝尔奖、

— 1 —

微塑料的前世今生等学科热点问题的介绍,引导学生关注相关科技、经济、社会和环境等问题。

　　本书在编写过程中,得到了团队刘捷、李新茹、李子豪、李佳瑶、闫含丹等研究生的大力支持,在此表示感谢;同时参考了大量同类高水平教材、论文、著作和专业网站,然而限于篇幅,本书最后仅列出了部分参考文献,特此表示致谢。由于编者水平和其他条件的限制,书中难免存在一些不足或错误之处,恳请同行专家及读者提出宝贵意见和建议。

编者

2024 年 11 月,西安

目　录

第 1 章　高分子实验基础

高分子科学与工程主要包括高分子化学、高分子物理和高分子成型加工三个部分。相应地,其实验课程也分为高分子化学实验、高分子物理实验和高分子成型加工实验三个部分。其中,高分子化学实验主要验证常见的高分子化学反应,培养学生对常见聚合方法和工艺的操作技巧,并对理论课所学进行实验验证;高分子物理实验主要是表征聚合物的多层次结构,如化学结构、构象、分子量和微纳结构,培养学生分析高分子多尺度结构的能力,并对高分子的特殊性质具有感性认识;而高分子成型加工实验则培养学生从材料角度认识高分子,是对高分子化学和物理知识的应用,也是真正实现高分子材料应用的最后一站。本教材作为材料科学与工程专业学生的教科书,对上述三个方向均有涉及,并以高分子化学和物理实验为主。

针对高分子实验的多样性和复杂性,学生在进行实验前需对高分子材料实验室的安全防护、基本要求、基本实验技术等进行了解。

1.1　高分子实验的基本要求

高分子材料实验课程的学习以动手操作为主,为了实现最佳的授课效果,要求学生在上课前认真预习,上课时认真听讲、注意观察记录,实验结束后认真总结并撰写实验报告。

1.1.1　实验预习

在进行实验之前,首先要对该实验的基本原理进行回顾,并对理论课中未涉及的原理进行自学掌握,在此基础上全面了解实验过程,并对不理解、不确定的部分进行标记。预习过程重点关注以下几个方面:

(1)本实验涉及的基础知识、实验原理;

(2)本实验的具体过程;

（3）本实验用到的化学试剂毒性和危险性，如何做好防护；

（4）本实验所用设备以及实验操作中需要注意的事项；

（5）本实验可能会出现的问题和解决方法；

（6）认真填写预习报告；

（7）对于综合拓展实验，由于课时较长，学生还应提前对实验时间进行规划。

1.1.2　实验操作

实验过程中，首先需谨记安全、规范、认真的原则。在遵守安全守则、操作规范的前提下，认真观察并如实记录实验现象，认真思考实验现象背后的原理与原因。

实验安全操作规定如下。

1. 一般规定

（1）进入实验室，必须按规定穿戴工作服；

（2）需将长发及松散衣服妥善固定，严禁穿短裤、短裙等露出腿部皮肤的衣服，严禁穿拖鞋、凉鞋等露脚面的鞋子；

（3）操作高温实验时必须戴高温防护手套；

（4）爱护实验仪器设备，若发现设备运行异常，须及时向老师报告；

（5）任何食物和饮料须放置在划定安全区域，严禁带入实验区域。

2. 环境卫生

（1）实验室内应保持良好通风，并须保持整洁；

（2）每组实验结束应清洗所用玻璃容器，并将容器开口向下放置，以方便下一组同学使用；

（3）实验结束后值日生须打扫公共区域卫生。

3. 防火规定

（1）实验室及过道严禁出现任何形式的明火，严禁在实验室及附近过道抽烟；

（2）如遇实验室着火应冷静判断情况：如确认火势可以控制，可根据不同情况，选用水、沙或二氧化碳灭火器灭火；如火势较大应第一时间远离火源，并及时报警。

4. 试剂使用规定

(1)进行实验之前须预习实验内容,对所用化学试剂的物理、化学和生物学毒性进行评估,并按照相关试剂使用规程严格操作;

(2)所有样品的容器须按要求贴上标签,标签内容包括:样品名称,主要成分,使用人的班级、组别和姓名,以及日期;

(3)废弃或过期试剂、废液应按照分类倒入适当的收集容器中,以便统一处理;

(4)打碎玻璃应及时向老师报告,并在老师的指导下进行处理。

5. 实验室伤害的预处理

(1)普通伤口:用生理食盐水清洗伤口,以胶布固定;

(2)烧烫(灼)伤:首先用冷水冲洗 15～30 min 至散热止痛,然后以生理食盐水擦拭(勿以药膏、牙膏、酱油涂抹或以纱布盖住),情况严重时应及时就医;

(3)化学试剂灼伤:首先用大量清水冲洗,然后以消毒纱布覆盖伤口,随后就医;

(4)眼中进入试剂或溶剂:使用洗眼器冲洗,随后就医。

1.1.3　实验报告

实验报告的内容主要包括预习报告、实验目的、实验原理、实验过程、结果与讨论等部分。实验报告是对实验的总结与升华,须独立和如实撰写。对于分组实验而言,每位组员都应独立分析实验数据并独立撰写实验报告。

1.2　高分子物理化学实验的基础技术

1.2.1　聚合反应装置

实验室中的聚合反应一般在烧瓶中进行,常见的反应装置如图 1-1 所示。其中,磁力搅拌适合体系黏度不大的溶液聚合,特别是对氧气或水含量要求较严苛的聚合反应(如可控自由基聚合、离子聚合等)。而机械搅拌适合黏度较大的体系和乳液聚合反应,一般带有搅拌器、冷凝管和温度计,若需滴加液体反应物,则需配上滴液漏斗。

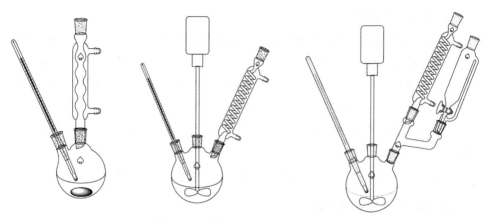

图 1-1　实验室常见聚合反应装置

　　为防止反应物的逸出和空气、尤其是氧气扩散进入反应瓶,瓶口各接口部分应有良好的密封,一般可以加入少量硅油进行密封。搅拌棒和搅拌磁子一般由耐热、耐腐蚀的聚四氟乙烯涂层保护。

1.2.2　聚合体系的无氧无水操作

　　空气中的氧气与水是部分聚合反应,如可控自由基聚合、离子聚合的阻聚剂或者链终止剂,对反应具有极大的阻碍作用。因此,无氧无水反应也是许多聚合反应的基本操作。由于氧气的挥发性强,因此去除方法较为简单,一般通过鼓泡法和冻融循环法进行;而水的沸点高于很多溶剂,因此难以除去,为了进行无水操作,一般需要将反应物分别进行除水操作。

　　较为简单的除氧办法是惰性气体鼓泡法,即通过针头、移液管等将惰性气体通到液面下,经过 30~45 min 鼓泡达到除去溶液中溶解的氧气的目的。常见的惰性气体有氮气和氩气,其中氮气的纯度一般较高,可满足多数实验的需要;而氩气纯度一般不如氮气,且价格偏高,但是其密度高于氧气,因此其密封效果优于氮气。

　　鼓泡法装置如图 1-2 所示。在反应过程中为了确保无氧气扩散进入,可在鼓泡完成后适当保留一定的惰性气体正压。需要指出的是,鼓泡法操作简单,但是除氧效果不如冻融循环法。

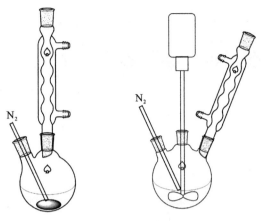

图 1-2　鼓泡法装置示例

冻融循环是一种 Schlenk 技术。Schlenk 技术的中文一般叫做史莱克技术、舒伦克技术、双排管技术等。该技术主要是用玻璃仪器通过磨口对接组成，由于磨口对接具有极好的密封性，可以提供惰性环境以及真空环境。Schlenk 技术最常用的组件是 Schlenk 管（常称为双排管）、Schlenk 瓶（Schlenk tube，ST）和活塞。

为了保证高真空度，活塞一般使用聚四氟乙烯为材料，其原理如图 1-3 所示。通过活塞可以实现真空—氮气—关闭状态的快速切换。

真空口联通　　　　氮气入口联通　　　　关闭状态

1—氮气入口；2—真空泵连接口；3—三通开关控制阀；4—气体流向。

图 1-3　活塞原理示意图

冻融循环一般通过双排管和 Schlenk 瓶进行，装置如图 1-4 所示，其中每个双排管可以连接 4～5 个 Schlenk 瓶，并且同时进行冻融循环。本书以单 Schlenk 瓶为例讲解冷冻循环法，一般过程如下：

（1）将 Schlenk 瓶通过软管接到双排管上，保持双排管所有阀门（A、B、C、D）关闭，Schlenk 瓶 ST 阀门关闭，开启真空泵和惰性气体阀门；

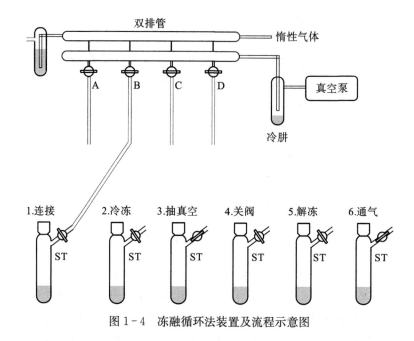

图 1-4　冻融循环法装置及流程示意图

（2）关闭 Schlenk 瓶 ST 阀门和双排管阀门 B，将 Schlenk 瓶中液体样品用液氮冷冻；

（3）打开 Schlenk 瓶 ST 阀门，将双排管阀门 B 调至与真空管连接，保持抽真空 15 min；

（4）关闭 Schlenk 瓶阀门，关闭双排管阀门 B；

（5）将 Schlenk 瓶移至水浴中，使冷冻样品解冻；

（6）打开 Schlenk 瓶阀门，双排管阀门 B 调至与惰性气体管连接，通入惰性气体；

（7）重复（2）—（6）步骤 3 次，处理完的溶液用惰性气体保护。

注意：冻融循环法一般使用氮气而不是氩气作为惰性气体，这主要是由于氩气的沸点高于氮气，如操作不当，可导致 Schlenk 瓶中的氩气在液氮条件下液化，形成爆炸隐患。

对于无水实验而言，很难通过某项操作将溶液中的水分除去。一般需要对反应容器和反应物（包括溶剂）进行单独除湿干燥处理。

反应容器一般可在较高的温度下（>120 ℃）烘烤过夜，取出后在干燥环境下冷却。但该操作的干燥效果有限，在容器壁上仍然有大量水分子通过与玻璃表面羟基悬键之间的氢键附着。如需进一步降低水含量,可以使用氯硅烷对容器内壁进行表面处理,通过对硅羟基封端而将玻璃表面转变为疏水性,从而抑制氢键的形成。对反应物的除湿一般通过分子筛等干燥剂或者减压蒸馏进行。干燥剂选择的基本要求是不能与所干燥液体发生不期望的化学反应。常见化合物的干燥剂见表 1-1。

表 1-1　不同类别化合物常用的干燥剂

化合物种类	适用干燥剂
缩醛类	碳酸钾
有机酸	硫酸钙、硫酸镁、硫酸钠
酰卤	硫酸铁、硫酸钠
醇类	镁和碘、钠、氢化钙(仅适用高级醇)[①]
醛类	硫酸钙、硫酸镁、硫酸钠
卤代烃	硫酸钙、硫酸镁、硫酸钠、五氧化二磷、氢化钙
有机胺	氯化钡、氢氧化钾粉末
酯类	硫酸镁、硫酸钠、碳酸钾
芳烃、饱和烃类	硫酸钙、硫酸镁、五氧化二磷、金属钠、氢化钙
酮类	硫酸镁、硫酸钠、碳酸钾

①一般先用硫酸镁、硫酸钙进行初步干燥。

干燥剂的干燥强度与其干燥机理密切相关。干燥剂按其干燥机理大致可分为三类:①与水可逆结合;②与水反应;③分子筛。第一类干燥剂的干燥强度随使用时的温度和所形成的水合物的蒸汽压而变化,因此这类干燥剂必须在液体加热前先滤去,属于这类干燥剂的干燥强度顺序为:氧化钡>无水高氯酸镁>氧化钙>氧化镁>氢氧化钾(熔融)>浓硫酸>硫酸钙>三氧化二铝>氢氧化钾(棒状)>硅胶>三水合高氯酸镁>氢氧化钠(熔融)>95%硫酸>溴化钙>氯化钙(熔融)>氢氧化钠(棒状)>高氯酸钡>氯化锌(棒状)>溴化锌>氯化钙>硫酸铜>硫酸钠>硫酸钾。若要除去大量水分,可先加入饱和氯化钙、碳酸钾或氯化钠溶液振摇做初步干燥,再加入以上干燥剂进行干燥。

若需进行深度干燥,可以使用与水反应的干燥剂,如加入金属钠、金属钾、氢化钙等进行回流。注意:钠、钾等碱金属异常活泼,遇水剧烈反应,因此不宜用其对含水量较大的液体进行干燥处理,同时干燥后剩余的金属需要用异丙醇等醇类进行销毁,而不可用水销毁。

1.2.3　反应温度控制

聚合反应温度的控制是聚合反应实施的重要部分。温度控制主要包括两部分:加热和制冷。加热反应一般使用恒温热浴,如水浴、油浴和沙浴。水浴一般适用于温度低于80 ℃且反应时间不长的情况;油浴适合于温度在200 ℃以下的情况,其应用最为广泛;沙浴是由沙子、金属粒子等作为加热介质的方法,具有温度高且稳定的优点。

制冷反应适合反应温度在室温以下的情况,所用控温介质根据目标温度而定。如0 ℃附近用冰水浴,并且可通过加入适量的盐来降低温度。常用低温浴的组成及其温度如表1-2所示。

表1-2　常用低温浴的组成及其温度

温度 /℃	组成	温度 /℃	组成
12	干冰+1,4-二氧六环	6	干冰+环己烷
0	碎冰/水(1∶1)	-8	碎冰+NaCl(3∶1)
-10	碎冰/丙酮(1∶1)	-15	干冰+乙二醇
-25	干冰+四氯化碳	-40	碎冰+$CaCl_2 \cdot H_2O$(4∶5)
-42	干冰+乙腈	-61	干冰+氯仿
-72	干冰+乙醇	-78	干冰+丙酮
-94	液氮+己烷	-97	液氮+甲醇
-116	液氮+乙醇	-196	液氮

1.2.4　单体的预处理

商业化的烯类单体一般含有微量的对苯二酚或对羟基苯甲醚作为阻聚剂,以保证在运输和存储过程中不发生自聚。也有部分单体中会混入少量杂质,如双官能单体的存在会导致聚合时交联反应的发生。因此,在进行聚合实验前需要对单体进行预处理以除去阻聚剂和杂质。

固体单体常用的纯化方法为重结晶和升华,液体单体可采用减压蒸馏、多孔材料吸附等方法将阻聚剂除去。常见的单体预处理方法如下。

(1)酸性杂质(如酚类阻聚剂)可用稀碱溶液洗涤除去,碱性杂质可用稀酸溶液洗涤除去。

(2)单体中的水分可用干燥剂除去,如无水 CaCl$_2$、无水 Na$_2$SO$_4$ 或金属钠。

(3)液体单体也可通过中性氧化铝填充柱、减压蒸馏等方法除去阻聚剂。

部分单体的纯化方法举例如下。

1. 甲基丙烯酸甲酯的减压蒸馏

按照图 1-5 所示搭建减压蒸馏装置,其中各接口都需涂抹凡士林薄层以保持高真空度。打开真空泵抽滤瓶中大气以检测是否漏气。检测完毕后,将甲基丙烯酸甲酯单体置于单口烧瓶中,加入少量对甲基苯甲醚(或者对苯二酚)作为阻聚剂。

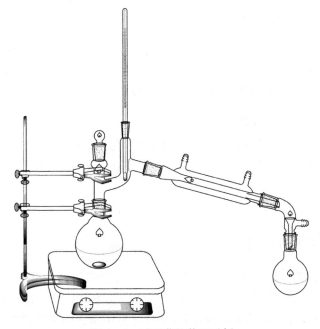

图 1-5　减压蒸馏装置示例

打开真空泵抽真空,使真空度维持在 10800 Pa。打开水浴加热单口烧瓶,待水浴温度缓慢升高到约 60 ℃时,可观察到液体馏出速度约为 1~2 滴/s,此时温度计温度约为 40~41 ℃,收集馏出组分。所得产物转存在存储瓶中,低温遮光保存。

2. 苯乙烯的预处理

在 100 mL 分液漏斗中加入 50 mL 苯乙烯单体,用 15 mL 的 NaOH 溶液(5%)洗涤两次,所得苯乙烯略带黄色。再用蒸馏水洗涤至中性,分离出的单体置于锥形瓶中,加入无水硫酸钠至液体透明。抽滤除去固体组分,获得纯化的苯乙烯单体。

经提纯后的单体需在避光及低温条件下短期贮存,如放置在冰箱中(约7 ℃);若需长期储存,则需置于更低温度,如置于冰箱冷冻区。

1.2.5　常见引发剂的提纯

为使聚合反应顺利进行以及获得真实准确的聚合反应实验数据,对引发剂进行提纯处理是非常必要的,常见引发剂的预处理举例如下。

1. 过氧化二苯甲酰(BPO)

将 5 g BPO 在室温下溶于 20 mL 氯仿中,过滤除去不溶性杂质。所得滤液缓慢滴入等体积的甲醇,静置结晶。将晶体过滤并用冷甲醇洗涤,室温下真空干燥后可得 BPO 晶体,置于低温干燥条件下保存。

2. 偶氮二异丁腈(AIBN)

将 5 g AIBN 与 50 mL 甲醇置于烧瓶中,搅拌条件下迅速加热至 50 ℃至AIBN 完全溶解,趁热过滤,收集滤液并冷却结晶。将晶体过滤、室温干燥后可得 AIBN 晶体。

上述重结晶可多次进行,以获得更高纯度。

1.2.6　聚合物的分离与提纯

在聚合反应完成后,是否需要对聚合物进行分离后处理取决于聚合体系的组成及聚合物的最终用途。如本体聚合和熔融缩聚,由于聚合体系中除单体外只有微量甚至没有外加的催化剂,因此聚合体系中所含的杂质很少,并不需要分离提纯。有些聚合物在聚合反应完成后便可直接以溶液或乳液形式成为商品,因此也不需要进行分离处理,如有些胶黏剂和涂料等的合成。其他的聚合方法,如溶液聚合,一般都需要把聚合物从聚合体系中分离出来才能应用。此外,为了对聚合产物进行准确的分析表征,在聚合反应完成后不仅需要对聚合物进行分离,还需要进行必要的提纯。分离提纯还有利于提高聚合物的各种性能,特别是一些具有特殊用途的聚合物,如光电功能高分子材料、医用高分子材料等。它们对聚合物的纯度要求都相当高,对于这类高分子而言,分离提纯是必不可少的。

1. 聚合物的分离

聚合物的分离方法取决于聚合物在反应体系中的存在形式,聚合物在反应体系中的存在形式大致可分为以下几种。

(1)沉淀形式。如沉淀聚合、悬浮聚合、界面缩聚等,聚合反应完成后,聚合物以沉淀形式存在于反应体系中,这类聚合反应的产物分离比较简单,可用过滤或离心方法进行分离。

(2)溶液形式。如果聚合物以溶液形式存在于反应体系中,那么聚合物的分离可有两种方法,一种是用减压蒸馏法除去溶剂、残余的单体以及其他的挥发性成分。该方法由于难以彻底除去引发剂残渣及包埋在聚合物中的单体与溶剂,在实验室中一般很少使用,但由于可进行大量处理,在工业生产中多被采用。另一种方法是加入沉淀剂,使聚合物沉淀后再分离。该方法常用于实验室少量聚合物的处理。由于需大量溶剂作为沉淀剂,工业生产中较少使用。

使用沉淀法时,对沉淀剂有一定的要求。首先,沉淀剂必须对单体和聚合反应的溶剂、残余引发剂及聚合反应副产物(包括不需要的低聚物)等具有良好的溶解性,同时不能溶解聚合物,最好能使聚合物以片状或团状而不是油状分离出来。其次,沉淀剂应是低沸点的,且难以被聚合物吸附或包藏,以便于沉淀聚合物的干燥。

沉淀时通常将聚合物溶液缓慢滴加到 $4 \sim 10$ 倍溶液量的沉淀剂中,滴加的同时保持沉淀剂处于剧烈搅拌中,为使聚合物沉淀为片状或小粒状,聚合物溶液的浓度一般以不超过 10% 为宜;然而,为了节约溶剂和沉淀剂的使用量,聚合物溶液的浓度也不宜过低。有时为了避免聚合物沉淀为胶体状或大块絮凝状,需在较低温度下操作或在滴加完后加以冷冻,最后通过抽滤法得到聚合物。

如果聚合物与溶剂的相互作用较强或聚合物易在沉淀过程中结团,用滴加的方法通常难以将聚合物很好地分离,而需将聚合物溶液以细雾状喷射到沉淀剂中进行沉淀。

(3)乳液形式。要把聚合物从乳液中分离出来,首先必须对乳液进行破乳,即破坏乳液的稳定性,使聚合物沉淀。破乳方法取决于乳化剂的性质,对于阴离子型乳化剂,可用电解质(如 $NaCl$、$AlCl_3$、$KAl(SO_4)_2$ 等)的水溶液作为破乳剂。如果酸对聚合物没有损伤的话,稀酸(如稀盐酸等)也是非常不错的破乳剂。另外,所加破乳剂应容易除去。

通常的破乳操作程序是在搅拌下将破乳剂溶液滴加到乳液中直至出现相分离,必要时事先应将乳液稀释,破乳后可加热一段时间,使聚合物沉淀完全,再冷却至室温,然后过滤、洗涤和干燥。

2. 聚合物的提纯

聚合物的提纯不仅对准确的结构分析表征是必要的，而且也是提高聚合物性能（如力学性能、电学性能、光学性能等）的有力手段。

最常用的聚合物提纯方法是多次沉淀法。将聚合物配成浓度小于5％的溶液，再在强烈搅拌下将聚合物溶液倾入到过量沉淀剂（通常为溶液量的4～10倍）中沉淀，多次重复操作，可将聚合物包含的可溶于沉淀剂的杂质除去。

经多次沉淀法提纯的聚合物还需经干燥除去聚合物包藏或吸附的溶剂、沉淀剂等挥发性杂质。要取得好的干燥效果，需要使聚合物在沉淀过程中形成细小颗粒，这就要求在沉淀时小心地选择沉淀剂及其用量。另外，在选择溶剂和沉淀剂时，可以使沉淀剂沸点高于溶剂，这样在干燥过程中溶剂优先被去除，就可以得到蜂窝状或粉末状的聚合物。

如果聚合物中包含的杂质是不溶性的，且颗粒非常小，一般的过滤难以将其除去；如果是可溶性金属离子或离子的络合物，如进行原子转移自由基聚合实验，需要添加铜盐和胺类配合物，此时可以采用氧化铝填充柱层析的方法来除去金属离子。

拓展阅读一

实验室安全须警钟长鸣

科学实验是一项极具挑战性和创新性的工作，但同时也伴随着一定的安全风险。实验室安全主要包括两个方面，其中最为重要的是实验室工作人员的健康和生命安全，同时实验室设备的安全和科学使用也极为重要。因此，在实验室工作时我们时刻要紧绷安全这根弦，重点做好以下三个方面：

首先，实验人员需要严格遵守实验室安全规定和程序。在进行实验前，应该仔细阅读相关安全说明书，了解实验的危险性和风险，并采取相应的防护措施。同时，在实验过程中必须严格遵守实验室操作流程，不得随意改变实验方法或操作步骤，避免发生意外事故。

其次，实验人员需要熟悉实验室设备的使用方法和安全措施。在使用实验设备时应该谨慎操作，避免不当使用导致设备损坏或事故发生。同时，定期检查和维护设备，以确保设备处于良好状态，最大程度降低意外发生的可能性。

　　最后,实验人员还需注意实验室环境的安全。实验室内通风系统的正常运行、危险化学品的正确存放和处理、紧急应急措施的设置、实验用品的规范放置等都是保障实验室环境安全的重要措施,万万不可忽视。

　　德国飞机涡轮机的发明者帕布斯·海恩针对航空飞行安全提出的海恩法则(Hain's law)指出:每一起严重事故的背后,必然有29次轻微事故和300起未遂先兆以及1000起事故隐患。该法则同样被生产安全管理部门用于生产实践和管理中。法则说明任何一起实验室事故都是有原因的,并且是有征兆的;同时也说明实验室安全是可以控制的,安全事故是可以避免的。只有我们做好安全预防工作,才可以确保实验室工作顺利进行。希望每位实验人员都能时刻关注实验室安全,遵守操作规程,保护自己和他人的生命财产安全。

第 2 章　高分子化学基础实验

实验一　甲基丙烯酸甲酯的本体聚合

聚甲基丙烯酸甲酯(PMMA)在工业中一般通过本体聚合制备,形成各类板材、棒材、管材等制品。聚甲基丙烯酸甲酯由于分子结构的不规整性,一般形成无定形结构。它最突出的性能是具有很高的透明度,透光率可达 92%,因此被用来制造有机玻璃。由于其密度小,其制品比同体积无机玻璃制品轻巧得多;另外,聚甲基丙烯酸甲酯具有一定的耐冲击性和良好的低温性能,因此是光学仪器制造工业和航空工业的重要材料。

PMMA 还具有良好的电学性能,遇电弧火花时不会碳化,因此在电子、电气工业中常被用作绝缘材料。PMMA 易于着色,可制成各种色彩鲜艳的有机玻璃,也被广泛用作装饰材料和日用制品。

PMMA 的硬度低,耐热性、耐磨性较差,且折射率较低。因此,难以用于高端的光学器件。

一、实验目的

(1)了解自由基聚合的基本原理;

(2)了解本体聚合的特点和实施方法;

(3)熟悉有机玻璃板的制备方法,了解其工艺过程。

二、实验原理

1. 自由基聚合

甲基丙烯酸甲酯的自由基聚合一般通过偶氮二异丁腈(AIBN)或过氧化苯甲酰(BPO)的热引发聚合。其反应通式可表示如图 2-1 所示(以 BPO 为例)。

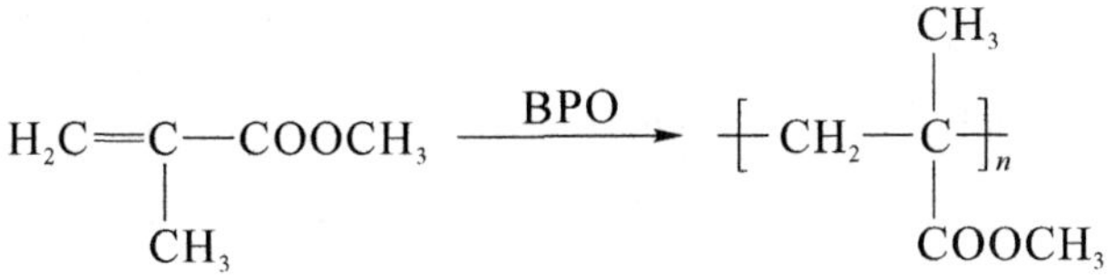

$$H_2C{=}\overset{\underset{\displaystyle CH_3}{|}}{C}{-}COOCH_3 \xrightarrow{\text{BPO}} {\left[\!\!\left[CH_2{-}\overset{\overset{\displaystyle CH_3}{|}}{\underset{\underset{\displaystyle COOCH_3}{|}}{C}} \right]\!\!\right]}_n$$

图 2-1　甲基丙烯酸甲酯的聚合反应方程式

自由基聚合反应属连锁聚合反应,活性中心是自由基。自由基聚合反应是高分子化学中极为重要的合成反应,其合成产物约占总聚合物的 60%,占热塑性树脂的 80% 以上,是许多通用塑料、合成橡胶及某些纤维的合成方法。重要的自由基聚合产物有:高压聚乙烯、聚氯乙烯、聚苯乙烯、聚四氟乙烯、聚乙酸乙烯酯、聚(甲基)丙烯酸及其酯类、聚丙烯酰胺、ABS 树脂、聚丙烯腈、聚乙烯醇(缩甲醛)、丁苯橡胶、丁腈橡胶、氯丁橡胶等。

自由基聚合反应通常包括 4 个基元反应,即链引发、链增长、链终止和链转移反应。以下对基元反应进行分别介绍,由于链转移反应类型较多,并且一般认为是副反应,此处不进行详细讨论。

(1)链引发反应

一般而言,自由基聚合链引发反应包括引发剂分解和单体自由基生成两步反应。引发剂分解形成初级自由基的反应方程式为

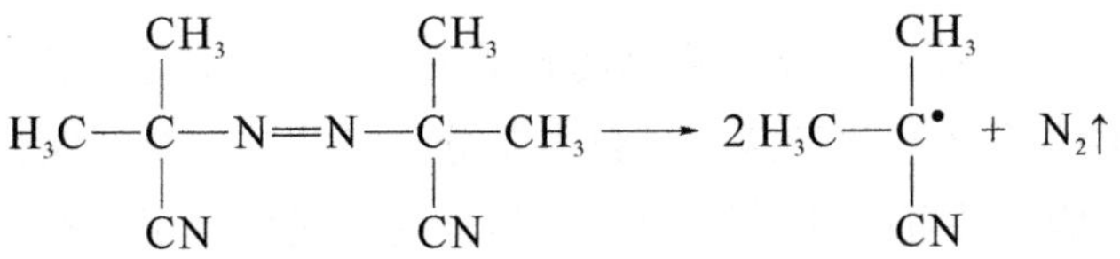

$$H_3C{-}\overset{\overset{\displaystyle CH_3}{|}}{\underset{\underset{\displaystyle CN}{|}}{C}}{-}N{=}N{-}\overset{\overset{\displaystyle CH_3}{|}}{\underset{\underset{\displaystyle CN}{|}}{C}}{-}CH_3 \longrightarrow 2\,H_3C{-}\overset{\overset{\displaystyle CH_3}{|}}{\underset{\underset{\displaystyle CN}{|}}{\overset{\displaystyle C}{{}^{\bullet}}}} + N_2{\uparrow}$$

单体自由基生成的反应方程式为

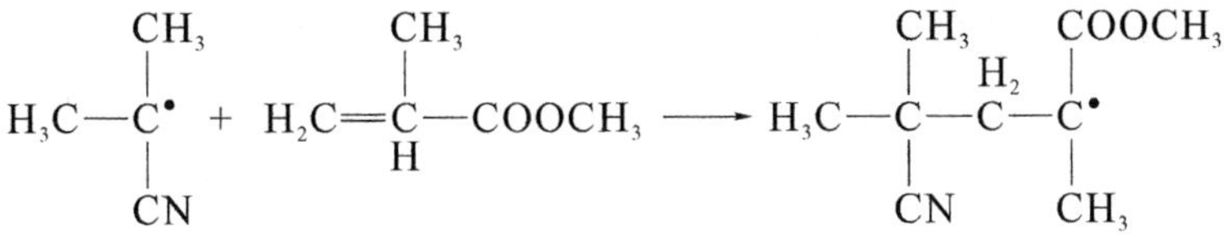

$$H_3C{-}\overset{\overset{\displaystyle CH_3}{|}}{\underset{\underset{\displaystyle CN}{|}}{\overset{\displaystyle C}{{}^{\bullet}}}} + H_2C{=}\overset{\overset{\displaystyle CH_3}{|}}{\underset{\underset{\displaystyle H}{|}}{C}}{-}COOCH_3 \longrightarrow H_3C{-}\overset{\overset{\displaystyle CH_3}{|}}{\underset{\underset{\displaystyle CN}{|}}{C}}{-}\overset{\overset{\displaystyle H_2}{}}{C}{-}\overset{\overset{\displaystyle COOCH_3}{}}{\underset{\underset{\displaystyle CH_3}{|}}{\overset{\displaystyle C}{{}^{\bullet}}}}$$

(2)链增长反应

链增长反应即单体自由基与单体进行连续加成生成长链自由基的过程,这是活化能较低的基元反应,反应速率常数较大,反应速率较快,其反应方程式为

(3)链终止反应

链终止反应即链自由基失去活性的反应,该过程一般涉及自由基的独电子(未配对电子)通过彼此配对成键或者转移到别的分子上而生成稳定大分子。与链引发和链增长反应相比较,链终止反应的活化能最低,因此其反应速率常数最大,速率也最快,通常包括双基终止和链转移终止两种类型,其中以双基终止为主。双基终止又分为双基偶合终止和双基歧化终止。

双基偶合终止是指两个链自由基的独电子相互配对成键以后生成1个稳定的大分子,产物的分子量等于两个链自由基分子量之和。双基偶合终止生成的大分子两端一般都带有引发剂分解的残基,同时通过偶合引入在主链上的"头-头"连接结构单元,往往会成为聚合物分子结构的薄弱环节。

双基歧化终止是指两个自由基之间发生电子转移,结果生成2个分别为饱和链端和不饱和链端的大分子。产物分子的分子量约等于链自由基的分子量。双基歧化终止生成的大分子只有一端带有引发剂分解残基,其中一半大分子的另一端是饱和的,另一半大分子的最后一个结构单元含1个双键。

不同单体的聚合反应具有不同的链终止反应方式,主要取决于单体结构和反应条件。对于甲基丙烯酸甲酯的自由基聚合而言,当聚合温度为0 ℃时,偶合终止和歧化终止的比例为40∶60,而当温度升高到25 ℃和60 ℃时,该比例分别降为32∶68和15∶85,可见降低聚合反应温度有助于甲基丙烯酸甲酯的偶合终止,因此可以提高聚合物产物的分子量。

2. 本体聚合

本体聚合是一类聚合反应方法,指单体仅在少量引发剂存在下进行的聚合反应,或者直接在光、热或辐照等作用下进行的聚合反应。本体聚合具有产品纯度高和无需后处理等优点。但是,由于体系黏度大,聚合热难以散去,反应易出现速率过快、高温副反应等问题,导致产品发黄和出现气泡,从而影响产品的质量。

在本体聚合反应的实施中,体系黏度对整个反应过程和工艺设计至关重要。本体聚合前期由于大量单体的存在,体系黏度较低。然后,随着聚合反应的发生,体系黏度逐渐升高,当单体转化率达到约 20% 时,聚合物链开始移动困难,而此时单体分子扩散受到的影响并不大;链引发和链增长反应照常进行,而聚合物自由基之间的双基终止受到了极大的限制;上述结果导致聚合反应速度增加,聚合物分子量变大,称为自动加速现象。此时若不能控制好反应温度,极有可能导致暴聚的发生,形成具有大量缺陷的材料。当转化率达到 80% 之后,聚合反应速度显著降低,最后反应几乎停止,此时需要通过升高温度来促使单体的完全转化。

为了有效控制聚合反应中期的温度,同时推动反应后期单体的完全转化,甲基丙烯酸甲酯本体聚合在工艺上采取两段法,即先在聚合釜中进行预聚,使转化率达到约 20%,此为第一阶段;随后将聚合浆液转移到模具中,较低温度下反应至转化率达到 90% 以上后,升温使单体完全聚合,完成第二阶段反应。预聚反应具有两方面作用:一方面可以预先排除部分聚合热,另一方面可以减少聚合过程的体积收缩。

体积收缩是聚合反应的普遍现象。聚合反应前,单体和单体之间的相互作用为分子间作用,其间距较大;而形成聚合物后,单体单元之间通过共价键连接,其间距显著降低,因此聚合物的体积显著小于构成单体的总体积,密度则显著大于单体密度。对于甲基丙烯酸甲酯而言,其单体密度为 0.94 g/mL,而聚合物密度为 1.17 g/mL,故聚合反应体积收缩率高达 21%。如此高的体积收缩率容易造成制品的变形,因此在材料模具和工艺设计方面应充分考虑聚合收缩效应。

三、主要仪器与试剂

1. 仪器

恒温水浴、机械搅拌器、回流冷凝管、三口烧瓶、量筒、分析天平、温度计、烘箱、硅胶容器。

2. 试剂

甲基丙烯酸甲酯、过氧化苯甲酰(BPO)、邻苯二甲酸二辛酯。

四、实验步骤

(1)根据图 2-2 搭建反应装置。用天平称取 0.3 g BPO,量筒分别量取 50 mL 甲基丙烯酸甲酯和 10 mL 邻苯二甲酸二辛酯加入到三口烧瓶中,搅拌使 BPO 完全溶解。(邻苯二甲酸二辛酯是一类重要的增塑剂,其加入具有两方面作用:降低聚合反应的体积收缩,提高产品的韧性。)

(2)通冷却水,水浴加热至 85 ℃并保温反应。观察聚合体系黏度变化,当预聚物黏度升高至呈黏稠蜂蜜状时,取出反应瓶迅速用冷水冲淋冷却降温。

(3)通过流变仪测试此时预聚物的黏度。

(4)将预聚物灌入硅胶容器中,并将容器置于 70 ℃烘箱内聚合 2 h,当试管内聚合物基本成为固体时升温到 100 ℃,保持 2 h。

(5)取出容器,冷却后打开便可获得透明的聚甲基丙烯酸甲酯产品。若预聚液浇灌时预先在试管中放入干花等装饰物,则聚合完成后可制得"人工琥珀"小饰物。

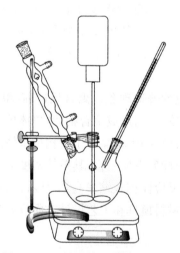

图 2-2　机械搅拌反应装置示意图

五、实验报告要求

实验报告包括：实验题目、实验目的、实验原理（自己的理解）、实验步骤、实验记录、数据处理、结果和讨论、分析与思考。

(1) 根据理论知识分析和解释实验现象；

(2) 独立完成实验报告。

六、思考题

(1)简述本体聚合的特点。

(2)单体预聚合的目的是什么？

实验二　丙烯酰胺的溶液聚合

聚丙烯酰胺(PAM)是一类应用广泛的水溶性高分子。聚丙烯酰胺结构单元中含有酰胺基，易形成氢键，因此具有良好的水溶性和结构稳定性，在石油开采、水处理、纺织、造纸、选矿、医药、农业等行业中具有广泛的应用，有"百业助剂"之称。

一、实验目的

(1)了解溶液聚合的原理和溶剂选择的原则；

(2)了解聚丙烯酰胺的制备方法和应用领域。

二、实验原理

1. 溶液聚合的原理和溶剂选择的原则

溶液聚合是将单体和引发剂溶于适当的溶剂中，在溶液状态下进行的聚合反应。生成的聚合物溶解于溶剂中，称为均相聚合；反之，聚合物从溶剂中沉淀出，称为沉淀聚合。自由基聚合、离子聚合和缩聚反应皆可采用溶液聚合的方法。

相对于本体聚合，溶液聚合的优点主要有：

· 聚合体系黏度低，传质和传热容易；

· 聚合反应温度易于控制，不易发生自动加速现象；

· 可以溶液方式直接成品,如涂料、黏合剂等产品可直接使用。

然而,溶液聚合的缺点也很明显:

· 单体被稀释,导致浓度降低,聚合反应速率慢;

· 溶剂的加入易引起副反应,如链转移反应导致产物分子量较低;

· 如果产物不能直接以溶液形式应用,需增加溶剂分离与回收后处理工序,导致成本增加,并造成环境污染。

由于溶剂难以做到完全惰性,其对聚合反应过程的影响无法避免。溶剂的影响主要有:对引发剂的诱导分解作用、对自由基的链转移反应、对离子聚合的链终止作用等。其中,溶剂对引发剂分解速率依如下顺序递增:芳烃、烷烃、醇类、醚类、胺类;自由基向溶剂链转移趋势为:水为零,苯较小,卤代烃较大。

溶液聚合在工业上常用于合成可直接以溶液形式应用的聚合物产品,如胶黏剂、涂料、油墨、浸渍剂、合成纤维的纺丝液等,而较少用于合成颗粒状或粉状产物。

2. 聚丙烯酰胺的性质和应用

聚丙烯酰胺外观是白色固体,易吸附水分和保留水分,可以任意比例溶于水,不溶于甲醇、乙醇、丙酮、乙醚、脂肪烃和芳香烃等极性较低的有机溶剂。聚丙烯酰胺素有"百业助剂"之称,说明该聚合物具有极为广泛的应用。下面对该聚合物的常见应用进行简单介绍。

(1)絮凝剂。近年来,随着社会环保意识的增强,污水处理成为全球水行业面临的重要挑战。污水处理各个工艺过程中会产生大量的污泥,不仅含有难以降解的重金属和持久性有机污染物,而且含水量极高,给后续处理处置造成了极大的困难。为了实现对污泥的脱水,一般需要在机械脱水前对污泥进行预处理,降低污泥的含水率。而聚丙烯酰胺及其衍生物由于其高分子量和电荷密度,可以通过吸附电中和作用和吸附架桥作用使污泥聚集,是一类优异的污泥絮凝剂。

(2)减阻剂。液体在管道输送时会产生一定的摩擦阻力,增加管道的能量损失和降低输运效率。若将少量聚合物加入到流动的液体中,所得溶液在湍流状态下的流动阻力会明显下降,该过程称为减阻,所加聚合物称为减阻剂。自20世纪50年代以来,减阻剂渐渐在生产生活各个领域获得应用。高分子量的聚丙烯酰胺及其共聚物是常用的水体系减阻剂,近年来随着非常规油气藏开采的需求增加,其在油气开采领域获得了广泛应用,如:在致密的页岩气地层压裂工程中,聚丙烯酰胺可用于压裂液;而在地下油气开采中,它也常用作减阻剂。

(3)生物医用材料。聚丙烯酰胺是一种水溶性高分子,其水溶液黏度随浓度的增加而急剧上升,在浓度超过 10% 时就可形成水凝胶。该凝胶具有良好的细胞相容性和力学性能,在伤口敷料和生物医学领域有很好的应用前景。

丙烯酰胺是水溶性单体,其聚合产物也溶于水,因此一般在水中进行聚合反应,其反应方程式如图 2-3 所示。该反应以水作为溶剂进行溶液聚合,具有无毒、价廉和链转移常数小的优点。

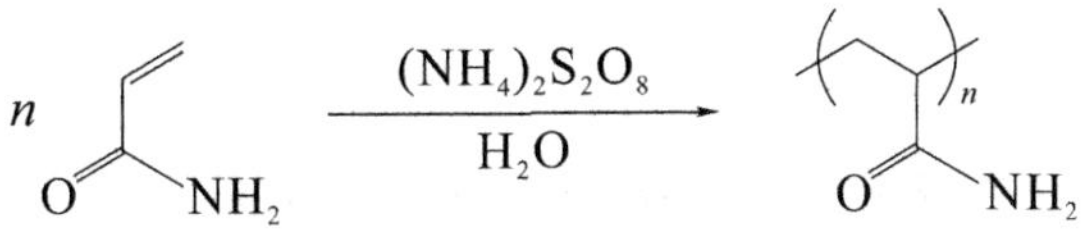

图 2-3　丙烯酰胺聚合反应方程式

三、主要仪器与试剂

1. 仪器

恒温水浴锅、机械搅拌器、回流冷凝器、三口烧瓶、烧杯、量筒、分析天平、烘箱。

2. 试剂

丙烯酰胺、过硫酸铵、甲醇、蒸馏水。

四、实验步骤

(1)根据图 2-2 搭建反应装置。在 100 mL 三口烧瓶中加入 4.0 g 丙烯酰胺和 40 mL 蒸馏水,并置于机械搅拌器上加热至 30 ℃,搅拌溶解。

(2)准确称取 0.020 g 过硫酸铵加入到烧瓶中,烧瓶口外接回流冷凝器,逐步升温到 90 ℃,并维持该温度反应 2～3 h。将烧瓶移除水浴锅并适当冷却(冷却至可以动手操作为宜,温度过低会导致溶液黏度过高),然后出料。观察所得产品的外观,并记录实验过程中的现象。

(3)称取约 10 g 溶液(质量精确记录)。在 250 mL 烧杯中加入 60 mL 甲醇,在玻璃棒搅拌下缓慢滴加称取的溶液可,可看到有白色聚合物沉淀出现。静置片刻,取出沉淀并挤出沉淀中的残留溶剂,用 20 mL 水重新溶解沉淀物,并缓慢滴加至 60 mL 甲醇进行二次沉淀。将沉淀物置于表面皿中,在 80 ℃、低压条件下干燥至恒重。称重并计算产率。

(4)通过黏度法测量聚合物的分子量(详见实验八)。

五、实验报告要求

实验报告包括:实验题目、实验目的、实验原理(自己的理解)、实验步骤、实验记录、数据处理、结果和讨论、分析与思考。

(1)根据理论知识分析和解释实验现象;

(2)计算产率,独立完成实验报告。

六、思考题

(1)工业上什么情况下采用溶液聚合,反应的溶剂应如何选择?

(2)简述沉淀法纯化聚合物的原理和沉淀剂选择策略。

实验三 乙酸乙烯酯的溶液聚合

聚乙酸乙烯酯(Polyvinyl acetate,也称作聚醋酸乙烯酯,简称 PVA)是通过醋酸乙烯酯(VA)的聚合而得到的一种常见的合成树脂。纯聚合物是一种无色透明的固体,而商业化产品常见的形式包括粉末和乳液。

聚醋酸乙烯酯乳液常用作木材胶黏剂,被称作白胶水(白胶浆、白乳胶)。白胶水也广泛地用于黏合其他材料,如纸张、纺织品等。PVA 进行部分或全部水解可用于制备聚乙烯醇。聚乙烯醇产品的水解率一般为 $87\% \sim 99\%$,是常用的纺丝原料和高分子表面活性剂。聚乙烯醇具有优异的可降解性能和广阔的应用前景。

一、实验目的

(1)掌握溶液聚合的特点和控制方法;

(2)了解聚乙酸乙烯酯和聚乙烯醇的应用。

二、实验原理

聚乙酸乙烯酯最常用的领域是制造维尼纶纤维,在该应用中对分子量的控制极为关键。由于乙酸乙烯酯自由基活性较高,容易发生链转移,从而形成支链或交联产物。除此之外,自由基还可以向单体、溶剂等发生链转移反应。因此在选择溶剂时,必须考虑其链转移系数及其对分子量的影响。

在本实验中使用乙醇作为溶剂、过氧化二苯甲酰作为引发剂进行乙酸乙烯酯的自由基溶液聚合,聚合反应按照自由基反应机理进行,反应原理和历程详见实验一。选择乙醇作为溶剂的原因主要有:乙醇的链转移常数较小,聚乙酸乙烯酯可以很好地溶解在乙醇中;更重要的是,聚合物在乙醇中可以直接进行醇解,制备聚乙烯醇。

通过醇解生产聚乙烯醇是 PVA 最重要的应用。聚乙烯醇是制造维尼纶的原料,也可用作黏结剂和分散剂。但乙烯醇极不稳定,无法游离存在,因此聚乙烯醇只能通过聚乙酸乙烯酯的醇解(水解)来制备。

工业领域一般用乙醇或甲醇作聚合溶剂,并在反应结束后直接加入酸或碱性催化剂对 PVA 进行醇解。相对于酸催化,碱催化效率较高,副反应少,因此用得较广。反应式如图 2-4 所示。

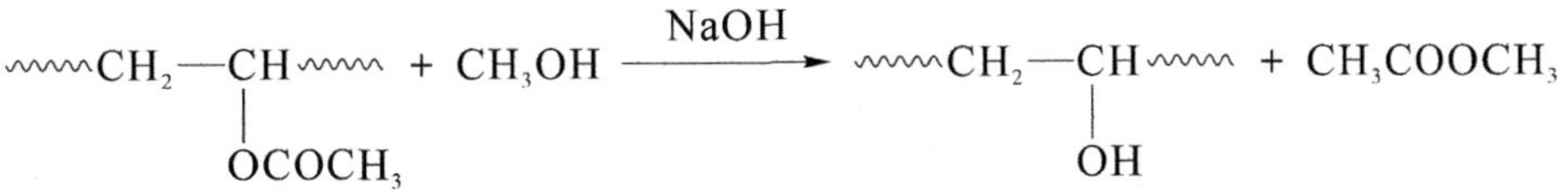

$$\text{wwwCH}_2\text{—CH www} + CH_3OH \xrightarrow{\text{NaOH}} \text{wwwCH}_2\text{—CH www} + CH_3COOCH_3$$
$$\quad\quad\quad | \quad\quad\quad\quad\quad\quad\quad\quad\quad\quad\quad\quad\quad\quad |$$
$$\quad\quad\text{OCOCH}_3 \quad\quad\quad\quad\quad\quad\quad\quad\quad\quad\quad OH$$

图 2-4　PVA 制备反应方程式

醇解过程中,并非全部的酯基都转变成羟基,发生醇解基团的摩尔百分比称为醇解度(DH)。醇解产物的性质,如水溶性等都与醇解度有关。纤维用聚乙烯醇要求 DH>99%,用作氯乙烯悬浮聚合的分散剂时则要求 DH 为 80%~90%,这些都是具有水溶性的聚乙烯醇;当聚乙烯醇的 DH<50% 时就成为油溶性聚合物了,可以用于油相的分散剂。

聚乙烯醇是白色粉末,易溶于水,将它配成热水溶液后,经纺丝、拉伸即成部分结晶的纤维。晶区虽不溶于热水,但无定形区却亲水,可以在水中,尤其是热水中溶胀。为了保持纤维结构并获得较高的机械性能,须以酸作为催化剂、甲醛作为反应物,对无定形区的聚合物进行缩醛化反应(图 2-5)。当缩醛化程度为 20%~40% 时,纤维吸湿性接近于棉花,但强度比棉花高一倍,并且耐酸、碱和微生物侵蚀。根据几率效应,缩醛化并不完全,体系尚有孤立羟基存在,但适当程度的缩醛化就足以降低亲水性。

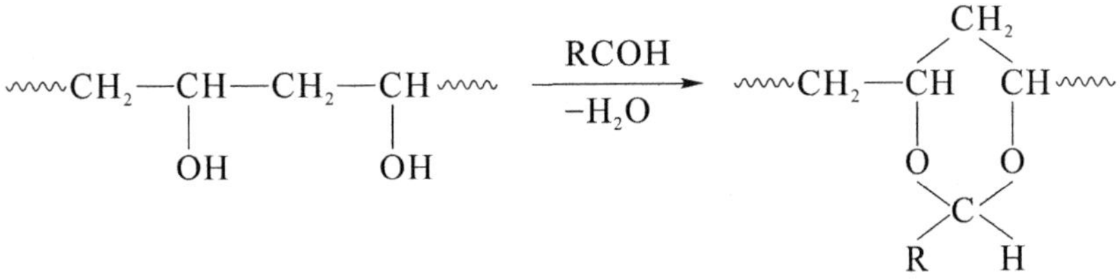

$$\text{wwwCH}_2\text{—CH—CH}_2\text{—CH www} \xrightarrow[-H_2O]{RCOH} \text{wwwCH}_2\text{—CH}\quad\text{CH www}$$

图 2-5　聚乙烯醇缩醛化反应方程式

综上可以看出,维尼纶的生产过程往往由聚乙酸乙烯酯的醇解、聚乙烯醇的纺丝和热拉伸、缩醛化等工序组成。

聚乙烯醇除与甲醛缩醛化制备维尼纶外,还可以与乙醛、丁醛等脂肪族及芳香族醛进行缩醛化反应。与丁醛、乙醛作用分别得到聚乙烯醇缩丁醛和聚乙烯醇缩乙醛,用作安全玻璃夹层黏合剂、电绝缘膜和涂料等。

聚乙烯醇和芳醛作用,形成的聚乙烯醇缩芳醛和重氮化合物偶合后得到聚合物染料功能高分子材料。反应式如图 2-6 所示。

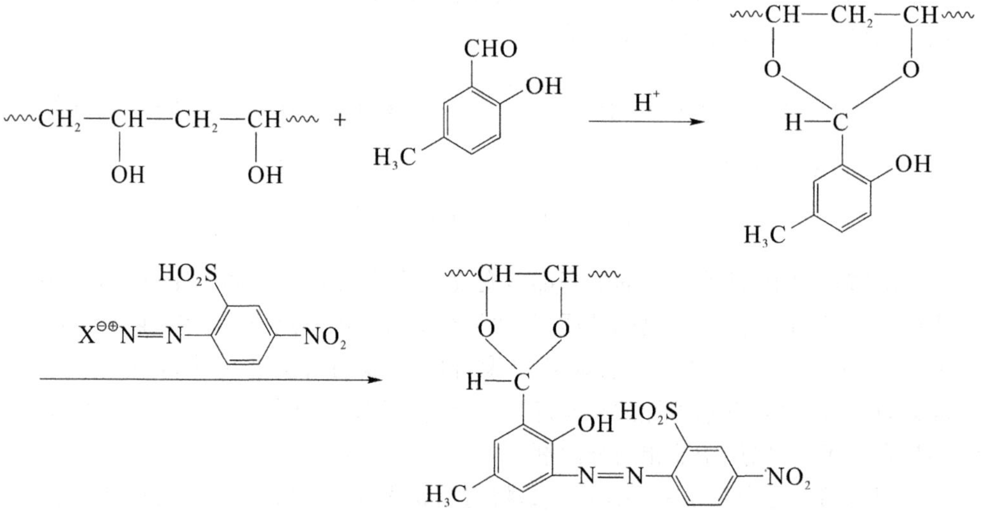

图 2-6 重氮化合物偶合聚乙烯醇反应方程式

三、主要仪器与试剂

1. 仪器

恒温水浴锅、磁力搅拌器、回流冷凝器、两口烧瓶、量筒、试管、分析天平、温度计、烘箱。

2. 试剂

精制的乙酸乙烯酯、无水乙醇、过氧化苯甲酰。

四、实验步骤

(1)根据图 2-7 搭建反应装置。

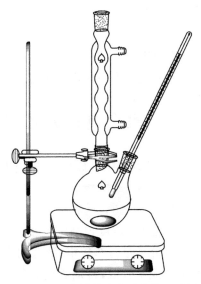

图 2-7　磁力搅拌聚合反应装置示例

　　(2)将新鲜蒸馏的 40 g 乙酸乙烯酯、0.4 g 过氧化苯甲酰以及 30 mL 乙醇依次加入到 250 mL 的两口烧瓶中。

　　(3)在搅拌条件下加热,冷凝管中通入自来水使单体和溶剂回流,恒温槽温度控制在(70±2) ℃,反应 2~3 h。观察反应情况,当体系较为黏稠时停止加热,并结束反应。

　　(4)称取 3~5 g 溶液(精确称量),通过红外辐射加热蒸发除去大部分溶剂,随后转入烘箱中,在 100 ℃、减压条件下继续烘干 10 h 获得聚合物产物。

　　(5)根据如下公式计算反应产率 $Y(\%)$。

$$Y = \frac{W_P W_a}{W_b W_M} \times 100\% \qquad (2-1)$$

式中,W_P 为聚合物产物质量,g;W_a 为反应结束后聚合物溶液总质量,g;W_b 为取样质量,g;W_M 为参与反应单体总质量,g。

五、实验报告要求

　　实验报告包括:实验题目、实验目的、实验原理(自己的理解)、实验步骤、实验记录、数据处理、结果和讨论、分析与思考。

　　(1)根据理论知识分析和解释实验现象;

　　(2)计算产率,独立完成实验报告。

六、思考题

(1)溶液聚合的特点及影响因素?

(2)阐述聚合过程中反应溶液黏度与转化率之间的关系。

实验四　悬浮聚合制备苯乙烯共聚物

悬浮聚合指非水溶性单体(或在水中溶解度很低的单体)在溶有分散剂的水中借助于搅拌作用分散成细小液滴而进行的聚合反应。而水溶性单体在溶有油溶性分散剂的有机介质中借助搅拌作用而进行的悬浮聚合通常称为反相悬浮聚合。

悬浮聚合体系黏度较低,散热和温度控制比较容易,产物相对分子质量高于溶液聚合而与本体聚合接近,分子量分布较窄,聚合物产物呈珠粒状,后处理和加工使用比较方便,因此生产成本较低,特别适宜于合成离子交换树脂的母体。其缺点是产品中含有少量分散剂残留物,影响纯度和光学、电学等性能。

一、实验目的

(1)了解悬浮聚合反应的基本原理和特点;

(2)掌握悬浮聚合的方法;

(3)制备聚苯乙烯粒子并计算产率。

二、实验原理

1. 悬浮聚合简介

悬浮聚合是制备高分子合成树脂的重要方法之一。它是在较强烈的机械搅拌下和在分散剂的存在下,将溶有引发剂的单体分散在水中,并在分散体系中完成聚合反应。悬浮聚合体系一般由单体、引发剂、水、分散剂四个基本组分组成。其基本配方如表 2-1 所示。

表 2-1　悬浮聚合体系的基本配方

组分	水相		油相	
	水	分散剂	单体	引发剂(油溶剂)
用量/份	100	0.5~2	30~100	0.5~2

　　悬浮聚合所用分散剂的主要作用是提高单体液滴在聚合反应过程中的稳定性,避免含有聚合物的液滴在反应中期发生团聚。通常用于悬浮聚合的分散剂以天然高分子明胶和合成高分子聚乙烯醇最为重要,也最为常用。其他如聚丙烯酸盐类、蛋白质、淀粉、高细度的无机粉末(如轻质碳酸钙、滑石粉、高岭土等)也可以作为悬浮分散剂。两类分散剂的分散机理有所不同。高分子分散剂一方面能够降低界面张力而有利于单体的分散,同时在单体液滴表面形成保护膜以提高其稳定性;而粉末型分散剂主要是起机械隔离作用。

　　悬浮聚合的操作需注意以下几点事项:

　　(1) 单体在水相中的溶解度必须很低,一般应低于 1%,否则会导致溶液中发生聚合反应,导致聚合成球困难、收率降低等问题。对于水溶解度偏高的单体如甲基丙烯酸酯类,可在水相中加入适量无机盐,利用盐析作用降低单体的溶解度。

　　(2) 选择油溶性引发剂,并事先将引发剂溶解在单体之中,同时将分散剂溶解在水相中(明胶和聚乙烯醇都必须加热溶解)。通常水相和油相的体积比在 1∶1～5∶1 范围内。

　　(3) 耐心调控搅拌速度。将单体加入水相后必须耐心、缓慢、由慢到快地调节搅拌速度,并反复取样观察直至单体液滴的直径达到 0.3～1 mm。避免搅拌速度由快到慢或发生大起大落的变化,这样才能够得到粒度比较均匀的聚合物颗粒产物。

　　(4) 梯度调控反应温度。单体液滴的粒度基本达到要求以后开始缓慢升高温度,并始终维持搅拌速度基本恒定,特别注意在液滴内单体开始聚合、珠粒发黏时段不得停止或改变搅拌速度,否则液滴的粒度均匀性变差甚至黏结成块。

2. 甲基丙烯酸甲酯-苯乙烯共聚物

　　本实验拟合成的甲基丙烯酸甲酯-苯乙烯共聚物(MS 共聚物)是无色透明颗粒,可作为牙科、骨科及工业使用的原材料。将该 MS 共聚物粉混入一定量的引发剂,再与混有叔胺的甲基丙烯酸甲酯按一定比例调匀呈面团状,可按所需形状在室温下进行快速固化定型。

　　另外,MS 共聚物是制备透明高抗冲性塑料 MBS 的原料之一,可通过改变甲基丙烯酸甲酯与苯乙烯的相对含量来调节 MS 共聚物的折光率,使其与 MBS 中的另一组分——接枝的聚丁二烯的折光率相匹配,从而达到制备透明 MBS 的目的。

三、主要仪器与试剂

1. 仪器

恒温水浴锅、机械搅拌器、回流冷凝器、三口烧瓶、烧杯、量筒、试管、分析天平、温度计。

2. 试剂

甲基丙烯酸甲酯、苯乙烯、过氧化二苯甲酰、聚乙烯醇(1799)。

四、实验步骤

(1)根据图 2-8 搭建反应装置。

(2)配制聚乙烯醇溶液。将 1.0 g 聚乙烯醇(1799)(其中"17"代表其聚合度为 1700,"99"代表其醇解度为 99%)加入到 100 mL 去离子水中。在 95 ℃下进行搅拌,将聚乙烯醇完全溶解,溶液呈现无色或淡蓝色透明状。由于聚乙烯醇分子量较大,分子链缠结严重,一般需要将配制的澄清溶液放置至少 10 h 以解开缠结,实现溶液的均匀稳定。

(3)称取 0.20 g 过氧化二苯甲酰和 20 mL 单体(苯乙烯和甲基丙烯酸甲酯,二者比例可调),加入到 100 mL 烧杯中,室温下搅拌使引发剂溶解于单体中。

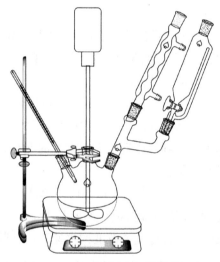

图 2-8　悬浮聚合反应装置示意图

(4)将步骤(2)和(3)所得溶液加入到 250 mL 三口烧瓶中,调节搅拌速度,形成单体液滴分散体系,整体呈现白色乳状,稳定搅拌速度(注意:反应中不可改变搅拌速度或停顿)。

(5)将烧瓶转移至 85 ℃热水浴中,反应约 1 h。听到瓶内有沙沙声,证明粒子已硬化,然后将温度升至 96 ℃,并维持 1 h 以提高单体转化率,然后停止搅拌并终止反应。

(6)降温,将悬浮液倒入烧杯中,除去上液,用热水冲洗聚合物数次,洗至洗涤热水不浑浊为止。再用蒸馏水洗一次,过滤后置于培养皿中,放入烘箱中烘干后,称量并计算产率。

$$产率 = \frac{m}{m_0} \times 100\% \tag{2-2}$$

式中:m_0 为单体质量/g; m 为聚合物质量/g。

五、实验报告要求

实验报告包括:实验题目、实验目的、实验原理(自己的理解)、实验步骤、实验记录、数据处理、结果和讨论、分析与思考。

(1)根据理论知识分析和解释实验现象;

(2)计算产率,独立完成实验报告。

六、思考题

(1)悬浮聚合操作控制的关键是什么?

(2)悬浮聚合产物的特点是什么?

实验五　导电聚苯胺的制备及导电性的观察

导电高分子聚合物因具有特殊的结构和优异的物理化学性能而成为材料科学的研究热点,是重要的新型功能材料。导电高分子聚合物按导电机理可以分为结构型导电聚合物和复合型导电聚合物两大类。结构型导电聚合物是指本身具有特殊结构、通过离子或电子而导电的聚合物。复合型导电聚合物材料是通过普通聚合物与各种导电填料复合,使其形成导电材料。后者的导电是靠填充在其中的导电粒子或纤维的相互紧密接触形成导电通路。

一、实验目的

(1)了解一种功能性聚合物——导电聚合物;

(2)掌握聚苯胺的合成方法。

二、实验原理

1. 苯胺的聚合

聚苯胺的合成方法主要有化学聚合、电化学聚合、缩合聚合、等离子聚合、真空蒸镀法和光聚合法等。经典的化学合成法是采用合适的氧化剂将苯胺单体在质子酸/溶剂体系中进行氧化聚合。氧化剂主要有$(NH_4)_2S_2O_8$、H_2O_2、$K_2Cr_2O_7$ 等,目前使用较多的氧化剂是$(NH_4)_2S_2O_8$。

苯胺氧化聚合的反应机理一直是研究热点之一,但也一直处于猜测和众说纷纭的状态,至今没有一个明确的结论。目前,最为大家接受的聚苯胺聚合反应历程是阳离子自由基聚合,其聚合反应历程可以分为如下三步,包括链引发、链增长和链终止。

(1)链引发

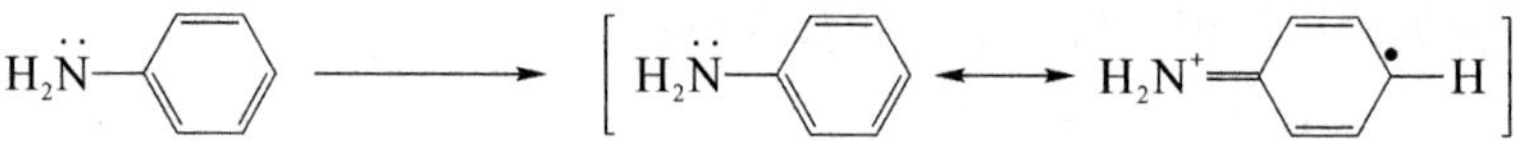

(2)链增长

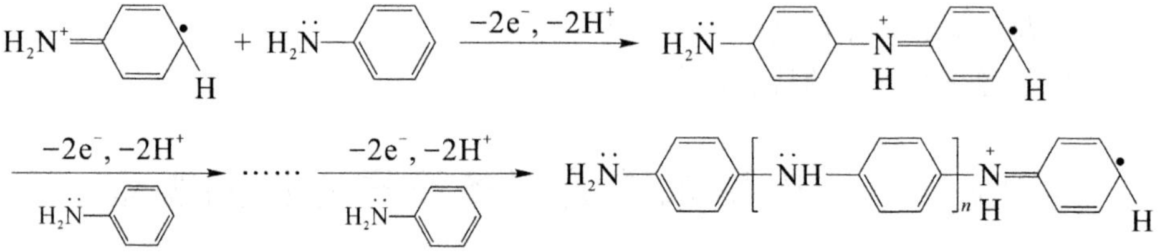

(3)链终止

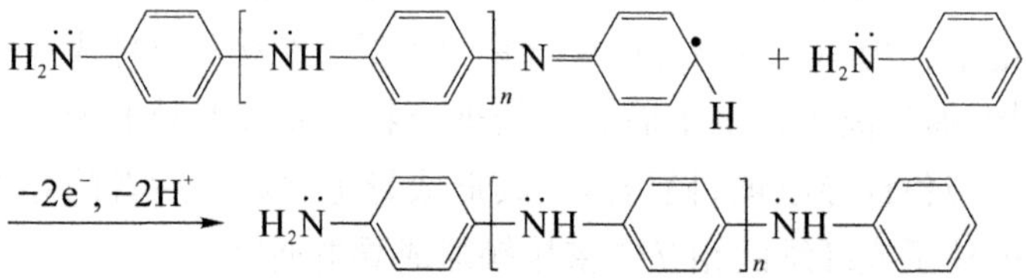

在酸性介质条件下,苯胺被慢速氧化形成阳离子自由基 $C_6H_5NH_2\cdot^+$,这种自由基单体又与苯胺单体结合生成苯胺的二聚体(N-苯基-1,4-亚苯基二胺),这种结合主要是以头-尾链接的方式结合,二聚体一旦形成,就可以迅速被氧化成醌亚胺结构。这是因为它的氧化活化能低于苯胺的氧化活化能,另一个苯胺单元可以通过进攻被氧化的二聚体形成三聚体,这个过程就像二聚体形成的情况一样,不需要氧化两个苯胺分子。整个过程可能会因为放热难以控制而导致分子量分布加宽、聚合物缺陷增多,严重影响产物的溶解性。对此,需要控制反

应条件和环境以调节聚合反应速率,制备出结构规整、溶解性好的聚苯胺。一旦聚合物形成且苯胺单体被耗尽,那么水对被氧化的聚合物亚胺单元的进攻就占优势,水解反应变得显著。水解的产物为较短的聚合物链和醌式结构形式。在此过程中,单体浓度、反应介质的酸度、氧化剂的种类、氧化剂的浓度及反应温度等是聚苯胺生成过程的影响因素。

2. 聚苯胺的掺杂

聚苯胺的室温电导率可在 $10^{-9} \sim 10^3$ S/cm 内变化,其大小强烈依赖于掺杂度、掺杂剂的性质、主链结构、制备方法和工艺条件等。本征态聚苯胺的导电率约为 10^{-9} S/cm,呈电绝缘性;质子酸掺杂后,电导率可达到 $5 \sim 100$ S/cm,实现了从绝缘体到导体的转变。因此,掺杂是赋予聚苯胺导电性的重要手段和有效途径。当用质子酸掺杂时,聚苯胺分子链中的—NH—和醌环中的—N＝同时被掺杂,但一般认为有效掺杂点为—N＝基团,—NH—基团即使被掺杂,对电导率的贡献也不大。因此,完全还原和完全氧化的聚苯胺均不能发生掺杂反应,其质子化后只能生成盐,成为绝缘体。只有当聚苯胺分子链中的氧化单元和还原单元大致相等时,通过质子掺杂,它才可以转变为导电聚合物。

聚苯胺的掺杂过程如图 2-9 所示。

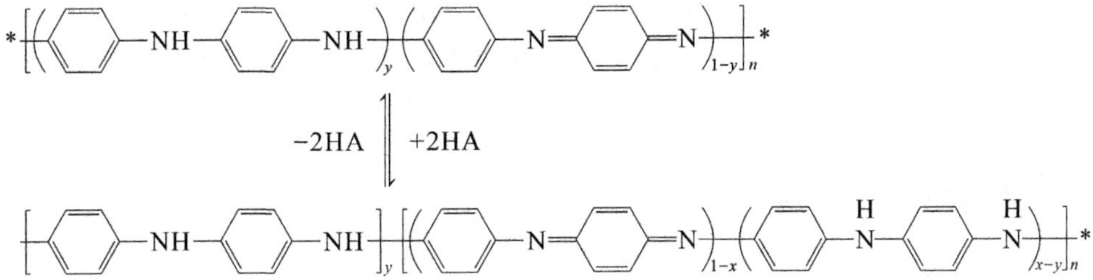

图 2-9　聚苯胺的掺杂过程

图 2-9 中,x 表示掺杂程度,由掺杂过程决定,$0 \leqslant x \leqslant 1$;$y$ 表示还原程度,由合成过程决定,$0 \leqslant y \leqslant 1$,当聚苯胺聚合完成后,其 y 值就已经确定。掺杂度越大,x 就越大,形成的极化子就越多,参与导电的载流子就越多,电导率就越大。因此,掺杂决定着聚苯胺导电能力的大小。

物质的导电能力是由载流子的数目以及载流子的可流动性共同决定的。通过掺杂可以增加载流子的数目,而提高聚合物的洁净度和减少晶体中的缺陷则可极大提高载流子的流动性。不幸的是,目前合成的聚合物大多是无定形粉末,因此载流子的可流动性较差,这就需要寻找新的方法来提高聚合物链排列的规整性。

3. 电化学工作站测量原理

电化学工作站全称为电化学测量系统,是用于测量电化学池内电位等电化学参数的变化并对其实现控制的一种仪器。其内部具有数字信号发生器、数据采集系统、多级信号增益、电位电流信号滤波器、IR 降补偿电路、恒电流仪、恒电位仪,可完成不同情况下对某些电化学参数的测控。高精度电化学工作站具有工作电极、辅助电极、参比电极三个电极。其中,工作电极是需要被测量的未知电极;辅助电极在对工作电极的测量过程中与工作电极一起形成闭合回路;参比电极在对工作电极的测量过程中起到参考的作用,其电势是固定且已知的,因此可通过对工作电极与参比电极之间的电势差的求解来得到工作电极的电势。

常用的电化学测试方法主要有:电流分析法(计时安培法)、差分脉冲安培法(DPA)、差分脉冲伏安法(DPV)、循环伏安法(CV)、线性扫描伏安法(LSV)、常规脉冲伏安法(NPV)、方波伏安法(SWV)等。电化学测试方法的优点有以下几点:

(1)灵敏度高。因为电化学反应是按法第定律进行的,所以即使是微量的物质变化也可以通过容易测定到的电流或电量来进行测定。

(2)实时性好。利用高精度的特点,可以检测出微反应量并对其进行定量。

(3)简单易行。可将一般难以测定的化学参数直接变换成容易测定的电参数加以测定。

三、实验仪器与试剂

1. 仪器

磁力搅拌器、循环水真空泵、温度计、烧杯、滴液漏斗、Y 形管、锥形瓶、液压机、电化学工作站。

2. 试剂

苯胺(使用前经过二次减压蒸馏)、过硫酸铵、浓盐酸(36%)、甲醇、丙酮、氯化钠、冰。

四、实验步骤

1. 过硫酸铵-盐酸溶液体系中聚苯胺的合成

(1)聚苯胺反应的实验装置如图 2-10 所示。

(2)配制低温冰水浴。在烧杯中加入少量水、碎冰和氯化钠,形成低温冰水浴。

图 2-10　聚苯胺的合成装置

(3)用 36%的盐酸和水配成浓度为 2.0 mol/L 的稀盐酸溶液。取 50 mL 稀盐酸、4.7 g 苯胺(0.05 mol)加入到反应烧瓶中,置于低温冰水浴中,搅拌溶解,配成盐酸苯胺溶液。将 12.5 g(0.055 mol)的过硫酸铵充分溶于 30 mL 浓度为 2.0 mol/L 的盐酸水溶液,用滴液漏斗在搅拌条件下于 30 min 内将其滴加到盐酸苯胺水溶液中。控制反应温度在 2～3 ℃,持续 1.5 h 后结束反应。

(4)产物经减压抽滤,用 2.0 mol/L 的盐酸洗涤至滤液无色,再用甲醇进一步洗涤数次,以除去低分子量齐聚物,得到黑色的聚合物粉末。产物经 50 ℃、减压干燥至恒重,得到墨绿色的盐酸掺杂聚苯胺(PANI-HCl)粉末。

(5)样品产率的测定。由于在盐酸水溶液体系中合成出来的都是掺杂态的聚苯胺,而准确的样品产率应该以本征态计算,可以采用近似算法,假设所得聚苯胺已经最大化掺杂。按照掺杂理论,中间氧化态聚苯胺最大掺杂时,苯胺单元摩尔数与氢质子摩尔数之比为 1∶0.5,因此可以按照此比例扣除掉掺杂进入聚苯胺中的 HCl。由于实验反应中聚苯胺的掺杂不可能达到理想最大化掺杂状态,因此按此方法计算出的产率要小于实际产率。

本征态聚苯胺产率的计算公式如下:

$$Y_0 = \frac{m_1 - m}{m_0} \times 100 \text{ \%} \qquad (2-3)$$

式中,Y_0 为本征态聚苯胺产率,%;m_1 为盐酸掺杂聚苯胺的实际产量,g;m 为最大掺杂的 HCl 质量,g;m_0 为理论本征态聚苯胺的质量,g。

掺杂态聚苯胺产率计算如下:

$$Y_1 = \frac{m_1}{m_0 + m} \times 100 \text{ \%} \qquad (2-4)$$

式中,Y_1 为掺杂态聚苯胺产率,%;m_1 为盐酸掺杂聚苯胺的实际产量,g;m 为最大掺杂的 HCl 质量,g;m_0 为理论本征态聚苯胺的质量,g。

2. 电导率的测量

(1)样品的制备。称取约 0.4 g 过 200 目筛的盐酸掺杂聚苯胺(PANI-HCl)粉末,填充至压片模具中。将模具置于液压机下,在 10.0 MPa 的压力下保持压力 5 min,制得直径约为 12.7 mm、厚度约为 3 mm 的盐酸掺杂聚苯胺压片。

(2)电导率的测量。使用电化学工作站测试聚苯胺压片的电导率。

五、实验报告要求

实验报告包括:实验题目、实验目的、实验原理(自己的理解)、实验步骤、实验记录、数据处理、结果和讨论、分析与思考。

(1)根据理论知识分析和解释实验现象;

(2)计算产率,独立完成实验报告。

六、思考题

(1)电子导电体应具有怎样的结构? 为了使其能导电,还需要采取怎样的措施?

(2)聚苯胺的导电性受哪些因素影响?

实验六　苯乙烯-甲基丙烯酸甲酯自由基共聚合反应

由两种及两种以上单体进行的聚合反应称为共聚合,得到的聚合物称为共聚物。通过共聚可以改进聚合物的诸多性能,如机械强度、模量、韧性、玻璃化温度、塑化温度、熔点、溶解性能、染色性能、表面性能等。

多数均聚物的性能总是存在一定缺陷,不同均聚物的性能缺陷有所不同。因此利用两种或两种以上单体以不同方式和不同比例进行搭配共聚,便可以得到种类繁多、性能各异的共聚物,以满足不同的使用要求。

一、实验目的

(1)理解竞聚率的概念;

(2)了解共聚合反应的表征。

二、实验原理

1. 自由基共聚合基本原理

通过将不同的共聚单体通过不同的比例进行共聚,可以制备几乎无限数量性能各异的共聚物产品。例如,将苯乙烯和丙烯腈共聚,该产品比单独的聚苯乙烯更耐溶剂且不易碎。如果添加第三种共聚单体丁二烯,则得到所谓的 ABS 聚合物,经常用作乐高积木、玩具和家用电子设备的塑料外壳等。

20 世纪 40 年代早期,Frank R. Mayo 等人对共聚物组成进行了系统的研究,他们从共聚反应动力学的概率研究出发推导出二元共聚物组成与单体组成之间的定量关系,即共聚物组成微分方程。进行共聚动力学推导须作如下基本假设。

(1)等活性假设:在自由基共聚合反应过程中,假设链自由基的活性只与链自由基所在结构单元的化学结构有关,而与该结构单元以外的链结构和链长无关。

(2)长链假设:共聚物的聚合度很高,链增长反应是消耗单体的主要过程,也是决定共聚物组成的主要过程。链引发反应对单体的消耗可以忽略不计。

(3)稳态假设:共聚反应体系中两种自由基各自的浓度及其总浓度均保持不变。根据此假设进一步推理,要满足该假设除要求链引发反应与链终止反应速率相等外,还要求两种自由基之间相互转变的速率也相等。

(4) 无解聚等不可逆副反应发生。在上述假设基础上,将二元共聚基元反应的所有可能基元反应写出,可得到 2 个链引发反应、4 个链增长反应和 3 个链终止反应。

①2 个链引发反应:

$$I \rightarrow 2R^{\cdot}$$
$$R^{\cdot} + M_1 \rightarrow RM_1^{\cdot} \ (M_1^{\cdot})$$
$$R^{\cdot} + M_2 \rightarrow RM_2^{\cdot} \ (M_2^{\cdot})$$

②4 个链增长反应:

$$\sim M_1^{\cdot} + M_1 \rightarrow \sim M_1 M_1^{\cdot} \qquad v_{11} = k_{11} [M_1^{\cdot}][M_1]$$
$$\sim M_1^{\cdot} + M_2 \rightarrow \sim M_1 M_2^{\cdot} \qquad v_{12} = k_{12} [M_1^{\cdot}][M_2]$$
$$\sim M_2^{\cdot} + M_1 \rightarrow \sim M_2 M_1^{\cdot} \qquad v_{21} = k_{21} [M_1^{\cdot}][M_1]$$
$$\sim M_2^{\cdot} + M_2 \rightarrow \sim M_2 M_2^{\cdot} \qquad v_{22} = k_{22} [M_1^{\cdot}][M_2]$$

③3 个链终止反应(式中 P 代表共聚物大分子):

$$\sim M_1^{\cdot} + \sim M_1^{\cdot} \rightarrow P$$
$$\sim M_1^{\cdot} + \sim M_2^{\cdot} \rightarrow P$$
$$\sim M_2^{\cdot} + \sim M_2^{\cdot} \rightarrow P$$

注意链增长速率及其速率常数的下角标,前面的数字为自由基序号,后面的数字为单体序号。

按照前述假设(2),链终止反应只消耗自由基而不消耗单体;而与链增长反应相比较,链引发反应仅消耗极少量单体,可见共聚物组成与链引发和链终止反应无关。基于此,在推导共聚组成方程时,就只需考虑决定共聚物组成的 4 个链增长反应的动力学方程即可。于是两种单体的消耗速率为

$$-d[M_1]/dt = v_{11} + v_{21} = k_{11}[M_1^{\cdot}][M_1] + k_{21}[M_2^{\cdot}][M_1]$$
$$-d[M_2]/dt = v_{12} + v_{22} = k_{12}[M_1^{\cdot}][M_2] + k_{22}[M_2^{\cdot}][M_2]$$

两式相除,即两种单体消耗速率之比等于共聚物分子链内两种结构单元之比:

$$\frac{d[M_1]}{d[M_2]} = \frac{v_{11} + v_{21}}{v_{12} + v_{22}} = \frac{k_{11}[M_1^{\cdot}][M_1] + k_{21}[M_2^{\cdot}][M_1]}{k_{12}[M_1^{\cdot}][M_2] + k_{22}[M_2^{\cdot}][M_2]}$$

再按稳态假设,两种自由基相互转变速率相等,即 $v_{21} = v_{12}$,将两者位置交换即得

$$\frac{\mathrm{d}[M_1]}{\mathrm{d}[M_2]}=\frac{v_{11}+v_{21}}{v_{12}+v_{22}}=\frac{k_{11}[M_1^{\cdot}][M_1]+k_{12}[M_1^{\cdot}][M_2]}{k_{21}[M_2^{\cdot}][M_1]+k_{22}[M_2^{\cdot}][M_2]}$$

$$=\frac{[M_1^{\cdot}]}{[M_2^{\cdot}]}\cdot\frac{k_{11}[M_1]+k_{12}[M_2]}{k_{21}[M_1]+k_{22}[M_2]}$$

再次用稳态假设,从 $v_{21}=v_{12}$ 求解两自由基浓度之比, $k_{12}[M_1^{\cdot}][M_2^{\cdot}]=k_{21}[M_2^{\cdot}][M_1]$,得 $[M_1^{\cdot}]/[M_2^{\cdot}]=k_{21}[M_1^{\cdot}]/k_{12}[M_2^{\cdot}]$,代入上式并将 $r_1=k_{11}/k_{12}$、$r_2=k_{22}/k_{21}$ 分别定义为两种单体的竞聚率,则上式最后简化为

$$\frac{\mathrm{d}[M_1]}{\mathrm{d}[M_2]}=\frac{[M_1]}{[M_2^{\cdot}]}\cdot\frac{k_{21}}{k_{12}}\cdot\frac{k_{11}[M_1]+k_{12}[M_2]}{k_{21}[M_1]+k_{22}[M_2]}$$

$$=\frac{[M_1]}{[M_2]}\cdot\frac{k_{11}/k_{12}[M_1]+[M_2]}{[M_1]+k_{22}/k_{21}[M_2]}$$

$$=\frac{[M_1]}{[M_2]}\cdot\frac{r_1[M_1]+[M_2]}{[M_1]+r_2[M_2]}$$

这就是以两种单体物质的量浓度(摩尔浓度)表示的二元共聚物组成微分方程。该方程描述二元共聚物瞬时组成与单体瞬时组成之间的定量关系。

进一步,定义投料比 f_1、f_2 和共聚物组成 F_1、F_2 如下:

(1)投料比: $f_1=[M_1]/([M_1]+[M_2])=1-f_2$

$$f_2=[M_2]/([M_1]+[M_2])=1-f_1$$

(2)共聚物组成: $F_1=\dfrac{\mathrm{d}[M_1]}{\mathrm{d}[M_1]+\mathrm{d}[M_2]}=1-F_2$

$$F_2=\frac{\mathrm{d}[M_2]}{\mathrm{d}[M_1]+\mathrm{d}[M_2]}=1-F_1$$

将上述定义与二元共聚物组成微分方程结合,可得:

$$F_1=\frac{r_1f_1^2+f_1f_2}{r_1f_1^2+2f_1f_2+r_2f_2^2}, \qquad F_2=\frac{r_2f_2^2+f_1f_2}{r_1f_1^2+2f_1f_2+r_2f_2^2}$$

在该方程中,两种单体均聚速率常数与共聚速率常数之比即竞聚率,是共聚合反应最重要的概念和参数。竞聚率对单体的共聚反应趋势有如下影响:

(1) $r_1=0$:即 $k_{11}=0$,分母 k_{12} 不为 0,表明该单体不能均聚,只能共聚;

(2) $r_1<1$:即 $k_{11}<k_{12}$,表明该单体的共聚倾向大于均聚倾向;

(3) $r_1=1$:即 $k_{11}=k_{12}$,表明该单体均聚和共聚的倾向完全相同;

(4) $r_1>1$:即 $k_{11}>k_{12}$,表明该单体的均聚倾向大于共聚倾向。

可以看出,竞聚率数值越大,表明这种单体的均聚能力比共聚能力大得越多。由此可见,如果以改善聚合物性能为目的,希望两种单体能较好共聚,则要

求两种单体的竞聚率起码不应大于1,最好小于1、接近零或等于零。

2. 苯乙烯与甲基丙烯酸甲酯共聚行为分析

本实验中设计了苯乙烯(St)和甲基丙烯酸甲酯(MMA)在甲苯中进行共聚反应,使用偶氮二异丁腈(AIBN)作为引发剂。其反应方程式如图 2-11 所示。

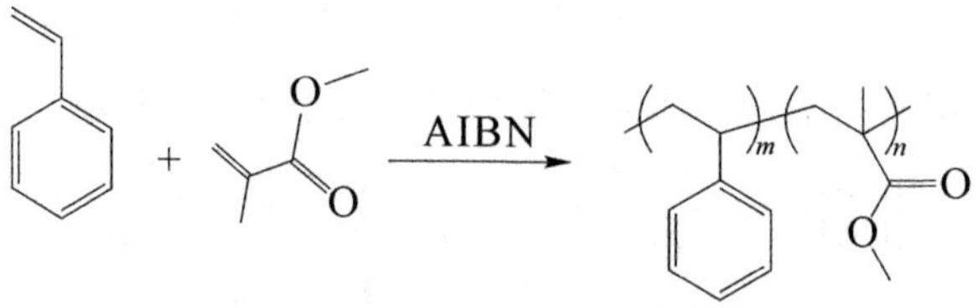

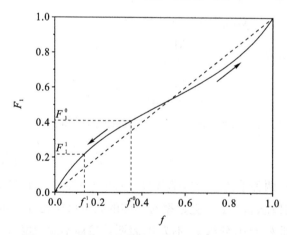

图 2-11　苯乙烯和甲基丙烯酸甲酯共聚反应方程式

其中,St 的竞聚率 $r_1 = 0.52$,MMA 的竞聚率 $r_2 = 0.46$。由于二单体的竞聚率均小于 1($r_1 < 1, r_2 < 1$),共聚反应属于有恒比点共聚,也称无规共聚,其共聚物组成曲线具有如图 2-12 所示的"反 S"形态。曲线与对角线的交点为恒比点。在此点共聚物组成与单体组成相等,$F_1 = f_1$,则有:

$$F_1 = f_1 = (1 - r_2)/(2 - r_1 - r_2) \text{ 或} [M_1]/[M_2] = (1 - r_2)/(1 - r_1)$$

图 2-12　有恒比点共聚组成曲线($r_1 < 1, r_2 < 1$)

如图 2-12 所示,假设两种单体的起始配比为 f_1^1。由于聚合反应过程中进入共聚物的结构单元 M_1 的摩尔分数 F_1 始终大于单体中 M_1 的摩尔分数 f_1(因为这一段曲线始终处于对角线的上侧,即 $F_1 > f_1$),这就必然造成体系中单体 M_1 摩尔分数的持续减少(f_1 按箭头方向持续减小)。结果便是导致继续生成的

共聚物中结构单元 M_1 的摩尔分数持续降低（F_1 按箭头方向持续降低），但始终维持 $F_1 > f_1$。这就如图 2-12 中所示单体配比从 $f_1^0 \rightarrow f_1^1$，共聚物组成则从 $F_1^0 \rightarrow F_1^1$。共聚物组成和单体组成的这种持续性变化存在于聚合反应的整个过程，直到单体 M_1 消耗完毕为止。此后体系中就只剩下单体 M_2，继续聚合生成的将只是 M_2 的均聚物。

曲线右侧部分的情况正好与此相反：共聚物中结构单元 M_1 始终少于 M_2，即 $F_1 < f_1$（这一段曲线始终处于对角线的下侧）。随着反应的进行，F_1 和 f_1 均持续增大，直至达到 1，此后生成的则是单体 M_1 的均聚物。从以上解释不难理解共聚物组成曲线旁边的箭头表征出共聚物组成随转化率升高而改变的趋势。

三、实验仪器与试剂

1. 仪器

两口烧瓶、回流冷凝管、磁力搅拌器、搅拌磁子、注射器（带针头）、烧杯、玻璃棒。

2. 试剂

苯乙烯（St）、甲基丙烯酸甲酯（MMA）、甲苯、偶氮二异丁腈（AIBN）、甲醇。

四、实验步骤

(1) 通过减压蒸馏或者三氧化二铝柱吸附方法除去单体中的阻聚剂。

(2) 根据图 2-13 所示搭建反应装置。

(3) 将苯乙烯（14.0 g，135 mmol），甲基丙烯酸甲酯（4.5 g，45 mmol）溶解在甲苯（70 mL）中，溶液在磁力搅拌下用氮气吹扫 20 min。

(4) 将 AIBN（0.3 g，1.8 mmol）加入到反应瓶中，继续用氮气吹扫 5 min。

(5) 将反应瓶移至预先加热好的油浴（80 ℃）中，开始反应。分别在反应 0，30，60，90，120 min 时通过注射器取样。

(6) 反应 2 h 后，将反应容器移出油浴并敞开瓶口，以停止反应。

(7) 将所取样品和最终反应溶液冷却至室温，分别缓慢倒入冷甲醇中得到沉淀。滤出沉淀，将其溶解在少量甲苯中并重新沉淀。过滤出沉淀的产物并在减压条件下 50 ℃ 放置过夜。

(8) 收集产物并确定产率和转化率；通过红外光谱法测试聚合物组成 F；通

过凝胶渗透色谱仪测试聚合物分子量。

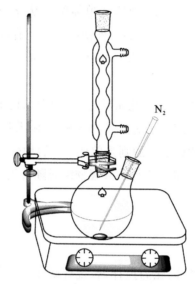

图 2-13　苯乙烯-甲基丙烯酸甲酯共聚反应装置

五、实验报告要求

实验报告包括：实验题目、实验目的、实验原理（自己的理解）、实验步骤、实验记录、数据处理、结果和讨论、分析与思考。

(1)根据理论知识分析和解释实验现象；

(2)独立完成实验报告。

六、思考题

(1)单体的竞聚率如何影响聚合物结构？

(2)举例说明共聚合反应在工业领域有什么应用？

拓展阅读二

高分子科学的发展与诺贝尔奖(一)

高分子概念的形成和高分子科学的出现始于 20 世纪 20 年代的德国。然而,在更早的时候其实高分子材料已经得到了应用。人类很早就开始对以纤维素为主要成分的木材进行了广泛应用,然而该应用属于直接取用,一般认为与高分子学科的发展并无直接关系。最早关于高分子材料的改性和应用可以追溯到 19 世纪对天然橡胶的硫化;随后,1869 年美国人约翰·海厄特(John w. Hyatt)由硝化纤维素和樟脑制得一种柔韧性相当好的又硬又不脆的材料,并命名为赛璐珞(Celluloid),被认为是人类第一次制得合成塑料。

德国科学家赫尔曼·施陶丁格(Hermann Staudinger)在卡尔斯鲁厄和苏黎世工作期间发现橡胶具有很高的分子量,通过深入的分析,施陶丁格在 1920 年发表的重要论文"论聚合"中提出,橡胶和其他聚合物如淀粉、纤维素和蛋白质是由共价键连接的短重复分子单位长链,正式提出了"聚合物"的概念。这一概念在当时受到了主流有机化学家的反对,他们拒绝接受小分子可以共价连接形成高分子化合物的可能性。然而,后来越来越多的证据都支持长链分子的存在,并且其他人造聚合物,如尼龙和涤纶等的合成也充分证明了聚合物可以通过小分子合成。随后聚合物的概念逐渐被接受,从而开启了高分子科学发展的新时代。由于施陶丁格对高分子科学的开拓性研究,他在 1953 年获得了诺贝尔化学奖。获奖理由为"for his discoveries in the field of macromolecular chemistry"。

随着高分子学科的逐渐建立,高分子科学获得了蓬勃的发展,一些有机化学家开展了缩聚及自由基聚合的研究,并通过这些反应相继开发出尼龙 66(1935 年)、聚苯乙烯(1934—1937 年)、聚氯乙烯(1927—1937 年)、聚甲基丙烯酸甲酯(1927—1931 年)、高压聚乙烯(1939 年)等一大批高分子新材料,在这个过程中,高分子化学的科学体系逐渐建立。在高分子化学的发展过程中,德国人卡尔·齐格勒(Karl Ziegler)与意大利人居里奥·纳塔(Giulio Natta)各自独立地利用金属配合催化剂合成了高密度聚乙烯与聚丙烯,并于 1955 年实现工业化生产。这两种聚合物目前已成为产量最大、用途最广的合成高分子材料。1963 年,两人由于在高聚物的化学和技术领域中的研究发现获得了诺贝尔化学奖。他们的获奖理由为"for their discoveries in the field of the chemistry and technology of high polymers"。

随着各类合成高分子的出现,大量化学家和物理学家开始投入了对高分子物理化学性质的测试与性能研究,并尝试建立了相关理论,这逐渐形成了高分子物理的研究体系。其中,美国人保罗·弗洛里(Paul J. Flory)建立的高分子溶液理论成为了高分子物理的重要基础,为高分子理论体系的建立和高分子分子量等许多重要性能测试奠定了基础。除了在高分子物理领域的奠基性成就,弗洛里还提出了聚合反应的等活性理论、聚酯动力学和连锁聚合反应的机理等高分子化学重要理论。由于在高分子物理和化学领域的巨大成就,弗洛里获得了1974 年的诺贝尔化学奖。他的获奖理由为"for his fundamental achievements, both theoretical and experimental, in the physical chemistry of the macromolecules"。

得益于以上诺贝尔奖得主为代表的科学家们的开拓性工作,高分子化学和高分子物理科学体系逐渐建立,在此基础上发展出了高分子工程、功能高分子等新的学科分支,推动高分子材料迅速发展,成为 20 世纪材料领域一颗耀眼的星。值得指出的是,在高分子科学的发展过程中,除了上述诺贝尔奖得主,其他科学家也做出了卓越的贡献,如美国化学家华莱士·休姆·卡罗瑟斯(Wallace Hume Carothers)发明了尼龙和氯丁橡胶,麦克尔·施瓦茨(Michael Szwarc)在阴离子聚合和活性聚合领域进行了开拓性研究,莫里斯·洛亚尔·哈金斯(Maurice Loyal Huggins)在高分子溶液理论的建立中做出了卓越的贡献。

第3章　高分子物理基础实验

实验七　高分子链的构象统计

高分子区别于小分子的显著特征之一是其具有极其多样的构象可能性,这也是高分子科学研究的重点和难点之一。与小分子相比,高分子的大尺寸和长链结构带来了独特的物理化学性质。当前的高分子教科书经常介绍如无规线团模型,聚合度(或链长)与材料宏观物理特性之间的标度关系等概念,但这些理论由于其抽象性,在没有具体实例的情况下学生往往难以直观理解链构象的变化。

然而,随着计算机硬件性能的显著提高和计算化学软件的发展,现在可以利用分子动力学和蒙特卡罗等计算方法来模拟和研究聚合物的结构和性能。这些技术不仅为高分子的基础研究提供了强大的工具,也极大地推动了高分子材料设计的创新。

在本次实验课程中,将利用分子动力学方法,在高温和真空的条件下模拟聚乙烯和聚苯乙烯链状分子的动力学过程。通过这一过程,能够观察到聚乙烯链的构象分布,并获取关于链长与构象尺寸之间标度关系的定量数据。

一、实验目的

(1)理解分子模拟的基本原理;

(2)掌握计算化学软件(如 Materials Studio)构建聚合物的分子模型并对其进行热力学平衡和构象分析;

(3)加深对聚合物构象和构象标度关系的理解。

二、实验原理

1. 高分子链构象统计

高分子材料的各种性能,如光、电、磁以及机械力学性能,都与链构象密切相关。高分子链构象就是分子链在空间中的形状和尺寸。由于 C—Cσ 键内旋转，高分子链具有一定的柔性。假定高分子链含有 n 个 C—C 单键，每个单键有 m 个不同的旋转取向，该条长链可能的构象数为 m^n；一般而言，n 较大并且超过 100，可见构象数是一个天文数字，这使得链构象具有统计性。

对于理想高分子链或所谓的无扰链，链的运动可通过无规行走模型来描述，其中链构象呈现为无规线团。此时，链的均方回转半径 R_g 与聚合度 N（重复单元数）之间的标度率可表示为

$$R_g = \sqrt{\langle R_g^2 \rangle} \sim b N^\alpha \tag{3-1}$$

式中，b 为链的长度；标度因子 α 通常为 0.5，表示理想状态下的标度关系。

然而，在实际高分子链如聚乙烯中，由于重复单元相互作用引起的排除体积效应，导致聚合物线团趋于膨胀，从而使回转半径增大，此时标度因子 α 可增加到 0.58。尽管如此，回转半径与聚合度之间的关系仍然遵循上述标度关系，表明这种关系确实反映了聚合物链的本质特征，而标度因子 α 则体现了排除体积效应的影响。

通过对这些现象的深入研究，我们不仅能够更好地理解高分子的物理行为，还可以预测和调控其在实际应用中的性能，从而在材料科学中开辟新的研究与应用方向。

2. 分子模拟

早在 20 世纪 50 年代末，随着大型计算机的引入，人们开始利用这些强大的工具进行模拟实验。随着计算性能的不断提升和计算方法的持续完善，计算机模拟已经成为科学研究中与理论分析和实验操作并行的第三种重要研究方法。

分子模拟是一种分子层面的模拟技术，该技术将系统中的各个原子（或基团）视为独立的单元，即粒子。这些粒子的运动轨迹通过牛顿经典力学进行计算，从而可以实现宏观热力学和动力学性质的计算。在这一过程中，系统内的 N 个粒子被抽象成具有特定三维空间坐标、质量、电荷和化学键状态的质点。这些质点之间的相互作用主要通过力场（force field）来描述，包括成键相互作用（如键长和键角）以及非键相互作用（如范德瓦耳斯力和库仑力）等。通过长时间的迭代，我们可以追踪到系统内各质点的精确运动轨迹。进一步结合统计分析方法，可以从这些轨迹中提取出具有实际应用价值的数据。

BIOVIA Materials Studio 是一款集成了多种分子建模方法的商业化模拟

软件,并且提供了用户友好的图形界面。该软件专为材料科学领域的研究者设计,旨在通过模拟和理解分子微观结构与材料宏观特性之间的关系,来解决化学和材料工业中的一系列挑战性问题。

本实验将聚乙烯和聚苯乙烯作为研究对象,利用 BIOVIA Materials Studio 软件构建聚乙烯和聚苯乙烯链模型,通过热力学松弛过程寻求聚合物链的热力学稳定状态,在此基础上对链的回转半径进行统计分析,以此验证高分子构象理论。

三、软硬件需求

(1)硬件配置:CPU 处理器(i5 - 7200U),内存(16 GB)及更高配置;

(2)操作系统:Windows 7 及更新版本;

(3)模拟软件:BIOVIA Materials Studio 软件(2019 版)。

四、实验步骤

1. 聚乙烯分子结构建模

首先打开 Materials Studio 软件。按照软件的引导,勾选"Create a new project"并点击"OK"。接着选择项目保存的目录(请确保路径不包含中文字符),并命名项目文件为"PE scaling"。确认后点击"OK"按钮。

接下来,通过菜单栏依次选择 Build｜Build Polymers｜Homopolymer。在弹出的"Homopolymer"对话框中,选择"olefins"作为"Library","ethylene"作为"Repeat unit",并选择"Isotactic"作为"Tacticity"。设定"Chain length"为 32,然后点击"Build"按钮,这将生成聚合度为 32 的聚乙烯长链。聚乙烯的原子坐标信息将被保存在名为"Polyethylene"的坐标文件中。

为了更易管理,右击左侧导航栏中名为"Polyethylene. xsd"的文件并选择"rename",将文件名称更改为"PE32. xsd"。

在聚合物模型窗口的空白处,右键点击并选择"display style"。在弹出的菜单中,在"Atom"选项卡下选择"ball and stick"表示方式。再次在模型窗口的空白处点击右键,选择"Display Options"。在"Background"选项卡下勾选"image texture",并从下方选择"Black-LightBlue"作为背景色。设置完成后关闭菜单。

本实验生成的文件及其说明请参见图 3 - 1。

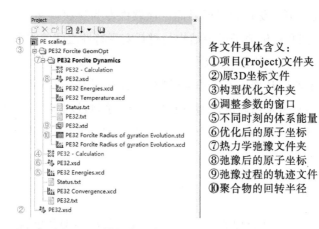

各文件具体含义：
①项目(Project)文件夹
②原3D坐标文件
③构型优化文件夹
④调整参数的窗口
⑤不同时刻的体系能量
⑥优化后的原子坐标
⑦热力学弛豫文件夹
⑧弛豫后的原子坐标
⑨弛豫过程的轨迹文件
⑩聚合物的回转半径

图 3-1 模拟实验中生成的文件及相应含义

2. 聚乙烯分子结构优化

原始模型可能会存在原子的过度拥挤，因此需进行结构优化以达到更合理的分子排列。首先，双击初始结构对应的坐标文件(图 3-1②)，以激活该文件。然后，按照以下步骤操作：在菜单栏选择"Modules｜Forcite｜Calculation"。在弹出的"Calculation"对话框中，设置"Task"为"Geometry Optimization"，并将"Quality"设置为"Fine"。该步骤中选择的力场为 Forcite，在实际操作中也可选择其他力场。

优化作业开始后，系统将创建一个名为"PE32 Forcite GeomOpt"的文件夹，该文件夹中包含了所有执行优化任务时生成的文件。特别地，文件 **PE32 Energies.xcd**（图 3-1⑤）记录了聚乙烯链的能量信息；图 3-1⑥显示了经过结构优化后的坐标文件。在名为 PE32. txt 的文件中，可以在"---- Initial structure ——"部分找到聚乙烯链的初始总能量为 83.0 kJ · mol^{-1}。在"---- Final structure —— "部分，优化后的总能量降低至 45.7 kJ · mol^{-1}。这表明，虽然聚乙烯的初始结构较为拥挤，优化后的结构不仅降低了能量，还保持了其锯齿形构象(图 3-2)。

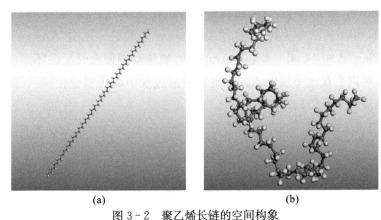

(a)　　　　　　　　　　　　　(b)

图 3-2　聚乙烯长链的空间构象

(a)结构优化后,对应图 3-1⑥;(b)热力学松弛后,对应图 3-1⑧

3. 聚乙烯热力学松弛

为了继续进行构象和结构的松弛过程,接下来将通过设置温度和速度来运行分子动力学模拟。首先,双击已优化结构的坐标文件(图 3-1④),以激活该文件。随后,在菜单栏选择"Modules｜Forcite｜Calculation",并将"Task"设置为"Dynamic"。点击"More"按钮,并选择"NVT"作为"ensemble",设置"Temperature"为 2000 K,设置"time step"为 1 ps,并将"Total simulation time"设定为 1000 ps。勾选"Fix bonds"选项以防止剧烈的原子运动破坏共价键。在"Thermostat"选项卡中,选择"Berendsen"热浴,其余设置保持默认值。完成设置后关闭"Forcite Dynamics"窗口,返回至"Forcite Calculation"窗口并点击"Calculate"按钮以开始模拟。模拟开始后,下方的状态栏会显示"Status"为"running",并实时显示"Progress"百分比,例如,若显示为 39,则表示计算已完成 39%(图 3-3)。

该步骤主要是在给定条件下继续寻求聚合物链的热力学稳定构象。其中系综(ensemble)是用统计方法描述热力学系统的统计规律性时引入的一个概念,指在一定的宏观条件下,大量性质和结构完全相同的处于各种运动状态的各自独立的系统的集合。本步骤选择的系综是 NVT 系综,代表的宏观条件为原子数 N、体积 V 和温度 T 保持不变。

当模拟作业开始后,系统将生成一个名为"PE32 Forcite Dynamics"的文件夹,该文件夹中存放着执行松弛任务所生成的各种文件。接着,双击状态栏中的图标 PE16（图 3-1⑨）以激活轨迹文件。在菜单栏中，选择"View"选项，然后选择"Toolbars"从中找到并激活"Animation"工具栏。点击"Animation"工具栏中的"Play"按钮 后，轨迹动画便会开始循环播放。这种动态展示可以直观地呈现聚乙烯长链在模拟过程中的构象变化，使观察者能够更清楚地理解分子结构的动态行为。

	Descript...	Job Id	Gateway	Server	Status	Progress	Start Time	Results ...
	PE32 F...	Y2AQG	localhost...	Forcite	running	39	2023/10/...	.\PE32 Fo...

图 3-3　计算项目运行的状态栏

4. 聚乙烯构象尺寸的统计计算

首先双击 PE32. xtd 文件，然后从菜单栏选择"Modules ｜ Forcite ｜ Analysis"。在弹出的对话框中选择"Radius of gyration evolution"，接着点击"Analysis"按钮开始执行分析任务。分析完成后，将在文件夹中生成一个名为"PE16 Forcite Radius of gyration Evolution"的图形文件和数据文件。数据文件对应图 3-1⑩，而图形文件展示在图 3-4 中，其中回转半径 R_g 从 2.3 nm 迅速下降至大约 1.1 nm，并在此值附近剧烈波动。

从总体趋势来看，100 ps 之后回转半径 R_g 逐渐趋于稳定。一般认为，该模拟体系已逐步进入热力学平衡状态。在 100 ps 以后的轨迹中（模拟总时长为 1000 ps），数据被用于进行构象平均尺寸的统计计算，提供对聚合物链构象稳定性的深入了解。

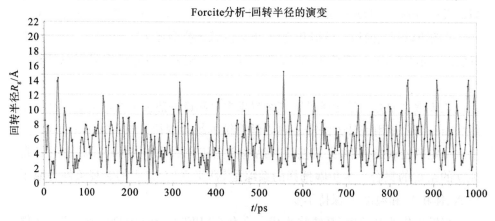

图 3-4　聚乙烯回转半径随时间变化曲线

5. 聚苯乙烯建模及构象统计

为了研究不同聚合物的性质,本实验进一步将聚合物种类改为聚苯乙烯,并对其分子结构进行建模和优化。优化后,通过热力学松弛过程,进一步分析聚苯乙烯的构象尺寸统计。具体的实验步骤如下。

首先启动 Materials Studio 软件,从菜单栏选择"File ｜ New project",点击"OK"确认后,选择项目保存的目录,并输入文件名"PS scaling",然后点击"OK"按钮确认。接着,从菜单栏选择"File ｜ New…",在弹出的对话框中选择"3D Atomistic"。在左侧导航栏中找到名为"3D Atomistic. xsd"的文件,点击右键选择"rename",将文件名称更改为"PS16. xsd"。

在界面的空白处点击右键,选择"Display Option",在"Background"标签下勾选"image texture",并从下方选项中选择"Black‑LightBlue"背景,然后关闭菜单。为了构建聚苯乙烯聚合物链,首先需要绘制苯乙烯的单体。操作步骤如下:

(1)在菜单栏中选择绘图工具 ✐ ▾,从右侧的下拉菜单中选择"6 Member",然后在工作窗口中单击鼠标,绘制一个六元环。

(2)在生成的化合物的工作区空白处点击右键,选择"display style",在"Atom"标签下选择"ball and stick"显示样式。

(3)在菜单栏中选择绘制工具 ✐ ,选中六元环中的一个碳原子(C),单击并拖动鼠标,绘制一个 C—C 单键;重复此步骤,绘制第二个 C—C 单键,如图 3‑5(a)所示。

(4)再次选择菜单栏中的绘图工具 ✐ ,在六元环中每隔一个 C—C 单键,点击对应的 C—C 单键,使其变成 C=C 双键。重复以上步骤,最终得到一个完整的苯环。(注意:在聚合过程中原有的乙烯基变为 C—C 单键,因此不需要绘制乙烯基的 C=C 双键。)

(5)单击菜单栏中的工具按钮 ⋈ ▾,显示单体的氢原子,结果如图 3‑5(b)所示。

接下来,从菜单栏依次选择"Build ｜ Build Polymers ｜ Repeat Unit",点击工具栏上的选择按钮 ⬉ 切换到选择模式。单击选择原来乙烯键位置上的一个氢原子,从弹出的对话框中选择"Head Atom"。接着选择对应的另一个氢原子作为"Tail Atom",如图 3‑5(c)所示。

最后,从菜单栏选择"Build ｜ Build Polymers ｜ Homopolymer"。在弹出的"Homopolymer"对话框中,选择"Library"为"Current project",设置"Repeat unit"为"PS16. xsd",设定"Chain length"为16,点击"Build"按钮,生成聚合度为16的聚苯乙烯长链,最终结果如图3-5(d)所示。

对于其他模块的操作,可参照前述 PE32 的步骤,以执行对聚苯乙烯分子的构象尺寸统计。

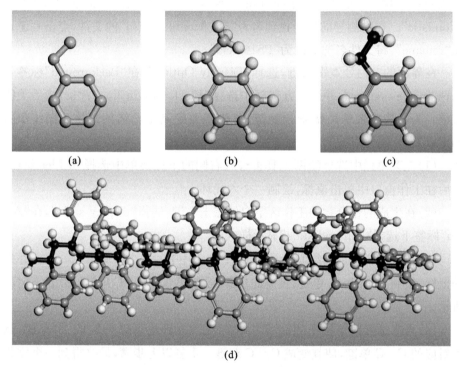

图3-5　聚苯乙烯长链的模型构建

6. 链长对构象尺寸的影响

为了研究聚合物链长对聚乙烯结构和性能的影响,可以设定不同的"Chain length"参数,分别为32、64和128等。这样做允许我们观察并分析聚乙烯链长对其均方回转半径的影响。在实验中需要确保系统达到热力学平衡状态,并记录了足够长的轨迹(至少1000 ps),以进行详尽的构象尺寸统计计算。

同样的方法也应用于聚苯乙烯或其他聚合物,并进一步评估聚合物结构对其均方回转半径的影响。

7. 数据分析

模拟完成后,可以获得四条展示回转半径随时间变化的曲线。选取这些曲线中最后 1000 ps 的数据点进行分析。利用数据处理软件计算聚合物长链在非热扰动状态下的均方回转半径的平均值。

接下来,以聚合度 N 作为横轴、回转半径 R_g 作为纵轴,绘制双对数曲线。通过线性拟合这些数据,可以得到斜率,即为标度因子。

五、实验报告要求

实验报告包括:实验题目、实验目的、实验原理(自己的理解)、实验步骤、实验记录、数据处理、结果和讨论、分析与思考。

(1)根据理论知识分析和解释实验现象,确保能够将观察到的数据和现象与理论预期进行对比和解释。

(2)独立完成实验报告。

六、思考题

(1)在 2000 K 的高温条件下,聚乙烯分子的热运动显著增强,足以克服由分子间相互作用引起的构象势垒。这种现象在分子模拟中通常被描述为"无热状态"。在此状态下,链状分子呈现出无规线团的构象。为了证明聚乙烯在该温度下确实处于无热状态,请设计相应的模拟流程。

(2)聚合物本体的标度因子一般为 0.58,试将实验计算得到的标度因子与理论值进行比较,并解释差异存在的原因。

实验八　黏度法测定聚合物的黏均分子量

高分子的分子量对其黏度、模量、韧性等性能都有极大的影响,是高分子材料的基本物理参数之一。目前,分子量的测量主要有凝胶渗透色谱法(GPC)、端基分析法、渗透压法、光散射法、超离心沉降法以及黏度法等。以上方法各有不同的适应情况,如端基分析法适合于较小分子量的测试;GPC 具有分子量测量范围广泛、操作简单等优点,但是所得分子量一般为相对分子量。

高聚物稀溶液的黏度主要来源于分子在流动时存在的内摩擦。分子量越大、浓度越高,内摩擦越大,溶液黏度越高,因此可利用这一特性测定聚合物的分子量。黏度法测定高聚物分子量有设备简单、测定技术容易掌握、实验结果有较高准确度的优点。然而,黏度法操作较为复杂、耗时。另外,由于聚合物的拓扑结构对黏度具有较大影响,如相同条件、相同分子量时,支化聚合物溶液的黏度远小于线形聚合物溶液,这也会导致黏度法测量结果的不准确性。

一、实验目的

(1)掌握用乌氏黏度计测定高聚物分子量的基本原理;

(2)测定聚丙烯酰胺的黏均分子量。

二、实验原理

材料在受到剪切力 F 时会导致剪切形变 Δx。定义单位面积剪切力为剪切应力 σ,定义剪切时物体所产生的相对形变量为剪切应变 γ,如图3-6所示,可得:

$$\sigma = \frac{F}{A} \quad \gamma = \frac{\Delta x}{y_0} \tag{3-2}$$

式中,A 为作用面积,如图中阴影部分。对于固体而言,其剪切模量 G 为剪切应力与剪切应变的比值,即 $G = \sigma/\gamma$;而对于液体,可以类似定义其黏度 $\eta = \sigma/\gamma$。可见,黏度与模量具有类似的定义,它描述了液体抵抗形变的能力。

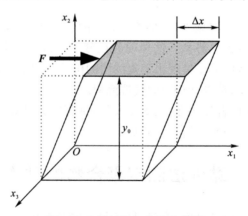

图3-6　材料剪切变形示意图

高聚物溶液的黏度 η 表示溶剂分子与溶剂分子之间、高分子与高分子之间和高分子与溶剂分子之间三者内摩擦的综合表现,其值一般比纯溶剂黏度 η_0 大得多。相对于纯溶剂,其溶液黏度增加的分数称为增比黏度 η_{sp},即

$$\eta_{sp} = \frac{\eta - \eta_0}{\eta_0} = \frac{\eta}{\eta_0} - 1 = \eta_r - 1 \tag{3-3}$$

式中,η_r 称为相对黏度,其物理意义为溶液黏度与纯溶剂黏度的比值($\eta_r = \eta/\eta_0$)。η_r 是整个溶液的行为,η_{sp} 则扣除了溶剂分子之间的内摩擦效应。对于高分子溶

液,增比黏度 η_{sp} 往往随溶液浓度 c 的增加而增加。为了便于比较,将单位浓度下所显示出的增比黏度,即 η_{sp}/c 称为比浓黏度。

为了进一步消除高聚物分子之间的内摩擦效应,必须将溶液浓度无限稀释,使得每个高聚物分子彼此远离,其相互干扰可以忽略不计。这时溶液所呈现出的黏度行为最能反映高聚物分子与溶剂分子之间的内摩擦,因而这一理论上定义的极限黏度称为特性黏度,记作 $[\eta]$。

特性黏度与相对黏度和增比黏度的关系可以通过休金斯经验公式和克罗米尔公式得到,二者分别如下:

$$\frac{\eta_{sp}}{c} = [\eta] + K'[\eta]^2 c$$

$$\frac{\ln\eta_r}{c} = [\eta] + \beta[\eta]^2 c \qquad (3-4)$$

从上述公式可以看出,在无限稀释条件下,特性黏度 $[\eta]$ 可以通过如下关系式得到:

$$[\eta] = \lim_{c \to 0}\frac{\eta_{sp}}{c} = \lim_{c \to 0}\frac{\ln\eta_r}{c} \qquad (3-5)$$

因此,我们获得 $[\eta]$ 的方法有两种:一种是以 η_{sp}/c 对 c 作图,外推到 $c \to 0$ 的截距值;另一种是以 $\ln\eta_r/c$ 对 c 作图,也外推到 $c \to 0$ 的截距值,如图 3-7 所示。理论而言,两根线应会合于一点,该现象也可用来校核实验的可靠性。

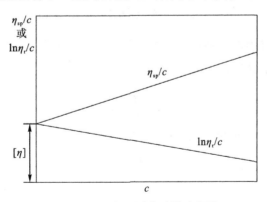

图 3-7　黏度法测分子量示意图

如果高聚物分子的分子量愈大,则它与溶剂间的接触表面也愈大,摩擦就大,表现出的特性黏度也大。特性黏度 $[\eta]$ 和分子量之间的经验关系式为

$$[\eta] = K\overline{M}^a \qquad (3-6)$$

式中,$\overline{M}$ 为黏均分子量;K 为比例常数;α 是与分子形状有关的经验参数。K 和 α 值与温度、聚合物、溶剂性质有关,也和分子量大小有关。K 值受温度的影响较明显,而 α 值主要取决于高分子线团在某温度下某溶剂中舒展的程度,其数值介于 $0.5\sim1$ 之间。在一定温度下,对某一聚合物-溶剂体系,K、α 是常数。常见高聚物-溶剂体系的 K 和 α 值都可以从相关手册中查到,如聚丙烯酰胺-水体系在 $30\ ^\circ\text{C}$ 下的 $K=6.31\times10^{-3}\ \text{cm}^3/\text{g},\alpha=0.80$。

测定黏度的方法主要有毛细管法、转筒法和落球法。在测定高聚物分子的特性黏度时,使用毛细管流出法的黏度计,如乌氏黏度计最为方便。若液体在毛细管黏度计中因重力作用流出时,可通过如下公式计算黏度。

$$\frac{\eta}{\rho}=\frac{\pi hgr^4t}{8LV}-m\frac{V}{8\pi Lt} \tag{3-7}$$

式中,η 为液体的黏度;ρ 为液体的密度;L 为毛细管的长度;r 为毛细管的半径;t 为流出的时间;h 为流过毛细管液体的平均液柱高度;V 为流经毛细管的液体体积;m 为毛细管末端校正的参数(一般在 $r/L\ll1$ 时,可以取 $m=1$)。

因此,对于指定的黏度计而言,式(3-7)可以写成下式:

$$\frac{\eta}{\rho}=At-\frac{B}{t} \tag{3-8}$$

式中,$A=\dfrac{\pi hgr^4}{8LV}$,$B=\dfrac{mV}{8\pi L}$,$B<1$,当流出的时间 t 在 $2\ \text{min}$ 左右(大于 $100\ \text{s}$)时,该项可以忽略。又因通常测定是在稀溶液中进行,所以溶液的密度和溶剂的密度近似相等,因此可将 η_r 写成:

$$\eta_r=\frac{\eta}{\eta_0}=\frac{t}{t_0} \tag{3-9}$$

式中,t 为溶液的流出时间;t_0 为纯溶剂的流出时间。

所以通过溶剂和溶液在毛细管中的流出时间,从式(3-9)求得 η_r,再由图 3-7求得 $[\eta]$,并由式(3-6)求得 $\overline{M}$。

三、主要仪器与试剂

1. 仪器

乌氏黏度计、计时器、25 mL 容量瓶、分析天平、吸耳球、铁架台配螺旋夹、橡皮管、移液管、恒温水浴槽(包括玻璃缸、电动搅拌器、调压器、电加热器、感温元件和温度控制仪等)、玻璃砂芯漏斗。

2. 试剂

聚丙烯酰胺样品、去离子水。

四、实验步骤

(1)称取 0.4 g 聚丙烯酰胺,溶解于 100 mL 水中,形成 0.004 g/mL 溶液。由于聚丙烯酰胺分子量较大,需要将所得透明溶液静置至少 10 h,以打开链缠结,实现分子层面的溶解。

(2)调节恒温水浴至(30±0.05)℃。

(3)测定流出时间。

将乌氏黏度计(图 3-8)垂直放入恒温槽中,使水面完全浸没 D 球,用干燥移液管吸入 5.0 mL 已配好的溶液从 A 管注入 D 球。在 30 ℃恒温后封闭 C 管,用吸耳球沿 B 管将溶液吸到 a 线以上。打开 B 管使溶液流下,用秒表测定液面流经 a、b 二线间的时间,重复三次,时间误差应在 0.2 s 以内,取其平均值作为溶液流出时间。

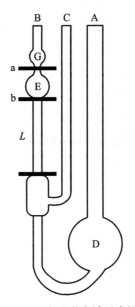

图 3-8　乌氏黏度计示意图

分别移取 5 mL、10 mL、10 mL 恒温的纯水注入黏度计中,混合均匀后按上述方法分别测出其流出时间。

最后,倒出全部溶液,用水清洗乌氏黏度计三次,加入 8 mL 水测定流出时间 t_0。

(4)数据处理。

① 将所测的实验数据及计算结果填入下表中。

恒温温度=_____℃　t_0=_____s

| $c/(\text{g/mL})$ | t/s | | | $t_{平均}/s$ | η_r | $\ln\eta_r$ | η_{sp} | $\dfrac{\eta_r}{c}$ | $\dfrac{\ln\eta_r}{c}$ |
	1	2	3						
c_0									
c_1									
c_2									
c_3									
c_4									

②以 η_{sp}/c 对 c 及 $\ln\eta_r/c$ 对 c 作图,并外推到 $c\rightarrow0$ 由截距求出$[\eta]$。

③将$[\eta]$代入公式,计算聚丙烯酰胺的相对分子量。

(5)注意事项。

①黏度计必须洁净,高聚物溶液中若有絮状物则不能将它移入黏度计中。

②本实验溶液的稀释是直接在黏度计中进行的,因此每加入一次溶剂进行稀释时必须混合均匀,并抽洗 E 球和 G 球。

③实验过程中恒温槽的温度要恒定,溶液每次稀释恒温后才能测量。

④黏度计要垂直放置,并且保证黏度计内样品液面低于恒温水浴的液面。实验过程中不要振动黏度计。

五、实验报告要求

实验报告包括:实验题目、实验目的、实验原理(自己的理解)、实验步骤、实验记录、数据处理、结果和讨论、分析与思考。

(1)根据理论知识分析和解释实验现象;

(2)独立完成实验报告。

六、思考题

(1)本实验数据正确性的关键是什么?

(2)两条外推曲线若不在纵轴相交会是什么原因? 对实验结果有什么影响?

实验九　傅里叶变换红外光谱法表征聚合物的结构

红外光谱法是研究聚合物结构与性能关系的基本手段之一,被广泛应用于高聚物材料的定性和定量分析,如分析聚合物的主链结构、取代基结构、双键的存在以及顺反异构;测定聚合物的结晶度、极化度、取向度;有机反应进程和聚合物的相转变过程等。红外光谱分析具有速度快、试样用量少并能分析各种状态的试样等特点。总之,凡微观结构上起变化、在图谱能得到反映的都可以用红外光谱法来研究。

一、实验目的

(1)了解傅里叶变换红外光谱法的基本原理;

(2)掌握傅里叶变换红外光谱仪的使用;

(3)掌握红外光谱图的结构分析方法并用于分析常见聚合物结构。

二、实验原理

1. 红外光谱简介

红外光谱是检测有机化合物结构最稳定且可靠的方法之一,此外它还有测试样品范围广(固体、液体、气体,无机、有机以及高分子化合物都可以检测)、仪器结构简单、测试迅速、操作方便、重复性好等优点。但是由于红外光谱很复杂,只能用于化合物官能团的鉴定,一般情况下要和其他谱图结合使用。

当用一束波长连续变化的单色红外光线透射某一物质时,该物质的分子对某些波长的红外光线进行选择性的吸收,从而使各种波长的红外线对该物质具有不同的透射率。若以波数为横坐标,以百分透射率为纵坐标,这样记录下来的曲线图形就是该物质的红外光谱。典型的红外光谱如图 3-9 所示。

一般而言,红外光谱以波数为横坐标,以表示入射光吸收带的位置。波数(v)是波长(λ)的倒数,$v=1/\lambda$,单位是 cm^{-1}(注意:波数不等于频率;频率 $\nu=c/\lambda$)。

以透射率(transmittance,符号 T)为纵坐标,表示吸收强度,吸收带为向下的谷。

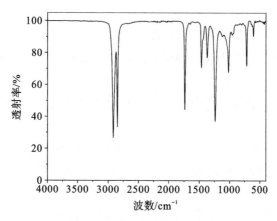

图 3-9　典型的红外光谱图

根据量子力学的基本理论,当分子的运动模式从一个量子态跃迁到另一个量子态时,会发射或吸收一定波长的电磁波,并且两个量子状态间的能量差 ΔE 与发射或吸收光的能量($h\nu$)一般相同,即:

$$\Delta E = h\nu \tag{3-10}$$

式中,h 为普朗克常数,其值为 6.626×10^{-34} J·s。

由于分子内化学键的振动或转动模式跃迁能量一般为 kT 量级,其能量值为几个到几百 zJ(1 zJ$=10 \times 10^{-21}$ J),对应的能量为红外光的能量,并且主要集中在中红外区域($4000 \sim 400$ cm^{-1} 波数)。因此,红外光谱可以反应分子化学键的结构特征。除光学对映体外,任何两个不同的化合物都具有不同的红外光谱。

2. 红外光谱原理

分子中原子的振动是这样进行的:当原子的相互位置处在相互作用平衡态时,位能最低;当位置略微改变时,就有一个回复力使原子回到原来的平衡位置,结果就是原子像钟摆一样做周期性的运动,即产生振动。对振动过程的理解对分析红外光谱具有极大的帮助。

双原子分子是最简单的分子,它们的分子内振动可以看成是以力常数为 K 的弹簧连接 A、B 的两个小球,如图 3-10 所示。

图 3-10 双原子分子简谐振动模型

根据胡克定律,两个原子的伸展振动可视为一种简谐振动,其波数可依下面公式近似估计:

$$\bar{\nu}=\frac{1}{\lambda}=\frac{\nu}{c}=\frac{1}{2\pi c}(K/u)^{1/2} \qquad (3-11)$$

式中,$u=\dfrac{m_1 m_2}{m_1+m_1}$,$m_1$ 和 m_2 分别为 A、B 两个振动质点的质量数;K 为化学键力常数。化学键力常数与化学键的强度相关。一般而言,单键 K 为 4~8,双键 K 为 8~12,三键 K 为 12~18。

对于多原子分子而言,分子内的个别化学键可以近似看作是双原子分子,这样就可以利用双原子分子的振动公式来理解化学键的振动。值得指出的是,化学键的振动并非理想的谐振子,计算出的基频吸收带只是一个近似值,因此一般用于定性理解吸收谱带与化学键及其化学环境之间的关系。严格的谱带计算应根据量子力学相关理论进行。

按照振动时发生键长和键角的改变,相应的振动形式有伸缩振动和弯曲振动。前者是指原子沿键轴方向的往复运动,振动过程中键长发生变化;后者是指原子垂直于化学键方向的振动。高分子由于结构较为复杂,振动模式较为丰富,通常用不同的符号表示不同的振动形式。例如,伸缩振动可分为对称伸缩振动和反对称伸缩振动,分别用 V_s 和 V_{as} 表示;弯曲振动可分为面内弯曲振动(δ)和面外弯曲振动(γ)。

从理论上来说,每一个基本振动都能吸收与其能量相同的红外光,在红外光谱图对应的位置上出现一个吸收峰。然而,实际上有一些振动分子没有偶极矩变化,因此是红外非活性的;另外有一些振动对应的红外频率相同,发生简并;还有一些振动频率超出了仪器可以检测的范围,这些都使得实际红外谱图中的吸收峰数目大大低于理论值。

当多原子分子获得足够的激发能量时,分子运动的情况非常复杂。所有原子核彼此做相对振动,也能与整个分子做相对振动,因此振动频率组很多。某些振动频率与分子中存在一定的基团有关,键能不同,吸收振动能也不同。因此,每种基团、每种化学键都有特殊的吸收频率组,犹如人的指纹一样。所以可以利用红外吸收光谱鉴别出分子中存在的基团、结构的形状、双键的位置、是否是结晶以及顺反异构等结构特征。

3. 谱带强度与比尔‐朗伯定律

吸收峰位置和谱带强度都是红外光谱的重要信息。谱带强度单位为透射率(T)或吸收强度(A)。二者都可以用透过样品的出射光强度 I 与入射光强度 I_0 表示:

$$T = I/I_0 \tag{3-12}$$

$$A = \lg(I_0/I) = \lg(1/T) \tag{3-13}$$

在单色光条件下,光吸收遵从比尔‐朗伯定律:吸收度与样品浓度 c 和吸收池的厚度 l 成正比,即:

$$A = \varepsilon l c \tag{3-14}$$

式中,ε 为摩尔消光系数,表示被检测物质分子在某波段内对入射光的吸收能力。一般可以通过 ε 的值衡量谱带强度:

$\varepsilon > 100$　　　　　高强吸收谱带(vs)

$\varepsilon = 100 \sim 20$　　　强吸收谱带(s)

$\varepsilon = 20 \sim 10$　　　中强吸收谱带(m)

$\varepsilon = 10 \sim 1$　　　　弱吸收谱带(w)

$\varepsilon < 1$　　　　　　很弱吸收谱带(vw)

谱带强度值的大小主要取决于各个振动能级可能发生跃迁概率的大小,因此基频谱带比相应的倍频、合频谱带的强度高,而基频吸收谱带的强度取决于振动过程中偶极矩变化的大小。只有具有极性的化学键在振动过程中才出现偶极矩的变化,在键周围产生稳定的交变电场并与频率相同的辐射电磁波作用,从而吸收相应波段能量使振动跃迁到激发态。这种可以吸收红外光的振动称为红外活性振动。在多原子分子中,各种振动模式的红外活性和非活性是由分子结构及其振动模式所具有的对称性决定的。

根据红外活性的原理,化学键的极性越高,一般其吸收谱带的强度可以越强。如羟基、羰基、硝基等强极性基团都具有很强的红外吸收谱带。而对称性很高的分子(如炔烃)两边取代基相同,重键的伸缩振动没有偶极矩变化,则不发生红外吸收,称为红外非活性的振动。另外,具有中心对称结构的反式 1,2‐二氯乙烯分子的双键伸缩振动($1580\ \mathrm{cm}^{-1}$)是红外非活性的,而顺式 1,2‐二氯乙烯分子的双键伸缩振动则是红外活性的。

　　值得指出的是,化学键的极性虽然对吸收强度具有重要影响,但并不是直接决定因素。如 CO_2 分子的对称伸缩振动($1240\ cm^{-1}$)是红外非活性的,而不对称伸缩振动($2350\ cm^{-1}$)是红外活性的,并且是强吸收谱带。

4. 傅里叶变换红外光谱仪

　　傅里叶变换红外光谱仪(Fourier transform infrared spectrometer,简写为 FTIR spectrometer)技术始于 20 世纪 60 年代,是目前主流的红外光谱仪类型。其结构主要包括光源、干涉仪、检测器和记录系统,如图 3-11 所示。

　　红外光源通常用能斯特灯或碳化硅棒产生,可以发射出稳定、高强度、连续波长的红外光。

　　双光束干涉仪是 FTIR 光谱仪的重要基础,它的工作原理是使用分光镜将光束分成两路,第一束由固定镜反射,第二束由移动镜反射。引入路径差后,它们在分光镜处重新组合,并发生干涉。由于移动镜子导致第二束光的行进距离发生变化,产生的红外光具有变化的频率分布。

　　检测器可以收集透过样品的信号,其形式为时域干涉图,随后经过傅里叶变换到频域,这也是该光谱被称为傅里叶变换红外光谱的原因。

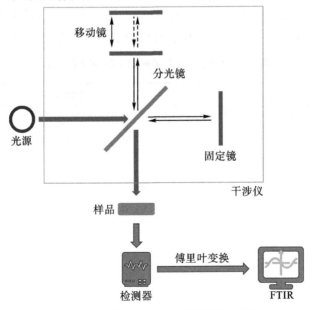

图 3-11　傅里叶变换红外光谱仪示意图

5. 红外光谱解析

红外光谱按照波段可以分为近红外、中红外和远红外,其中近红外波长范围为 $0.75\sim2.5~\mu m$,对应波数范围为 $13330\sim4000~cm^{-1}$;中红外波长范围为 $2.5\sim25~\mu m$,对应波数范围 $4000\sim400~cm^{-1}$;而远红外波长范围为 $25\sim830~\mu m$,对应波数范围 $400\sim12~cm^{-1}$。中红外光谱是最常见的红外光谱,也是本实验主要学习的目标。

按吸收的特征,可将红外光谱划分为特征谱带区($4000\sim1300~cm^{-1}$)和指纹区($1300\sim400~cm^{-1}$)两个区域。

在红外光谱上波数在 $4000\sim1300~cm^{-1}$ 之间的高频区域,吸收峰主要是由一对键连原子之间的伸缩振动跃迁产生的,与整个分子的关系不大,并且该区域的吸收峰比较稀疏便于鉴别,因而可以用来确定某些特殊的化学键和官能团是否存在。这是红外光谱的主要用途,因此一般把这一波段称为特征谱带区。

在 $1300\sim400~cm^{-1}$ 区域出现的吸收峰主要来自 C—C、C—N、C—O 等单键的伸缩振动和各种弯曲振动吸收。此区间内吸收谱带特别密集且难以辨认,但是各个化合物在结构上的微小差异都会得到反映,这种情况就像每个人都有不同的指纹一样,因而称为指纹区,它在确认有机化合物时用处也很大。

根据化合物的基团和振动类型的不同,可将红外光谱按波数大小划分为 8 个重要区段,通过这些波段出现的吸收峰可以了解振动类型,如表 3-1 所示。

表 3-1 波数与化学键振动类型的对应关系

波数/cm^{-1}	振动类型
$3750\sim3000$	伸缩振动(羟基、氨基)
$3300\sim2900$	伸缩振动(不饱和碳氢)
$3000\sim2700$	伸缩振动(饱和碳氢)
$2400\sim2100$	伸缩振动(不饱和碳碳、碳氮三键)
$1900\sim1650$	伸缩振动(羰基)
$1675\sim1500$	伸缩振动(碳碳、碳氮双键)
$1475\sim1300$	弯曲振动(饱和碳氢)
$1000\sim650$	伸缩振动(不饱和碳氢)

红外光谱吸收峰的位置主要由基团结构和振动模式决定,但是基团的化学

和物理环境对吸收峰也有一定的影响,而这些影响对于分析化合物的精细结构方面具有重要的价值。影响基团吸收频率的因素包括内部因素和外部因素。

(1)内部因素

影响吸收频率的内部因素主要体现在对键力常数的影响。从式(3 - 11)可以看出,吸收频率随着键力常数 K 的增加,或折合质量 u 的减小,而向高频(高波数)方向移动,据此可以判断如下内部因素对吸收频率变化的影响。

①诱导效应:基团连接吸电子基使吸收峰向高频区域移动,连接供电子基使吸收峰向低频区域移动。如羰基的吸收峰一般为 1730 cm^{-1},而将羰基中与 C 链接的 H 取代为甲基和苯基等供电子基时,可导致吸收峰波数降低;并且由于苯基供电子能力更强,因此对于吸收峰的位移影响更大。类似地,通过氯甲基和氯等吸电子基团取代,可导致吸收峰波数分别增加至 1750 cm^{-1} 和 1780 cm^{-1}。

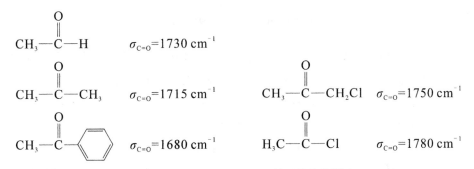

图 3 - 12　诱导效应对羰基红外吸收峰的影响

②共轭效应:共轭效应通过 π 键传递,常常引起双键的极性增加,双键性降低,因而使其伸缩振动频率下降。可以看出,共轭效应与诱导效应都是通过取代基影响化学键极性的变化,从而影响吸收峰位置,因此都属于电子效应。

在 π - π 共轭体系中,共轭效应使电子云密度平均化。双键 K 值略降低,单键 K 值略增加。例如,丙酮的羰基伸缩振动频率在 1715 cm^{-1} 处,而 α,β - 不饱和酮的羰基振动频率出现在 1685～1670 cm^{-1}。

在 p - π 共轭体系中,诱导效应(I)与共轭效应(C)常常同时存在,谱带的位移方向取决于二者的竞争。例如在酰胺体系中 C>I,与酮(约为 1715 cm^{-1})相比,羰基伸缩振动频率略低(1690 cm^{-1});与此相反,酯和酰氯分子中 I>C,羰基振动频率显著升高(分别为 1735 cm^{-1} 和 1810 cm^{-1})。

$$
\overset{\displaystyle O}{\underset{1690\ cm^{-1}}{-C-NH_2}}
\qquad
\overset{\displaystyle O}{\underset{1735\ cm^{-1}}{-C-OR}}
\qquad
\overset{\displaystyle O}{\underset{1810\ cm^{-1}}{-C-Cl}}
$$

③场效应：不同原子或基团通过与其空间距离相近的原子或基团的静电场相互作用而发生极化，引起相应化学键的红外吸收谱带位移的效应称为"场效应"。如 2-氯-1-苯基乙酮的空间构型会带来羰基吸收谱带的不同，这主要源自氯原子和羰基氧原子之间的场效应不同，如下图所示。

$$
\underset{1715\ cm^{-1}}{
\begin{array}{c}
Cl\quad O\\
\backslash\ \ \ \backslash\\
C\\
H\ \ H\quad Ph
\end{array}
}
\qquad
\underset{1695\ cm^{-1}}{
\begin{array}{c}
H\quad O\\
\backslash\ \ \ \backslash\\
C\\
H\ \ Cl\quad Ph
\end{array}
}
$$

④氢键影响：氢键是重要的非共价键，在诸多分子，尤其是生物大分子中具有至关重要的作用，因此对氢键的表征对于分析分子间相互作用、分子构象等具有重要的意义，甚至对于生命现象的理解也有很大帮助。氢键的影响主要在于，形成氢键的基团其吸收频率会向低频方向移动，且谱带变宽。

例如：气态伯醇由于不存在氢键，其—OH 的伸缩振动吸收频率为 3640 cm^{-1}，而该醇的二聚体—OH 的伸缩振动吸收频率为 3550～3450 cm^{-1}，多聚体响应的吸收频率为 3400～3200 cm^{-1}。可见随着分子间氢键数量的增加，—OH 的伸缩振动吸收频率逐渐下降并变宽。

⑤其他效应：除了上述提到的各种内部因素，跨环效应、键的张力和空间位阻等效应也对红外吸收谱带具有不同程度的影响。由于上述效应只存在于少部分体系，此处不做具体分析。

(2)外界因素

外部因素主要指样品的状态、溶剂等对基团吸收频率的影响。

样品的状态主要会影响分子间相互作用力，从而导致光谱的差异。在气态时，分子间的相互作用很小，可以得到游离分子的吸收峰，此时可以观察到较多精细结构，如伴随振动光谱的转动吸收峰；在液态时，由于分子间出现缔合或分子内氢键的存在，相关信号可能包含分子间相互作用信息；而在固态时，因晶格力场的作用，发生了分子振动与晶格振动的偶合，从而出现某些新的吸收峰。

在溶液中测定光谱时,还要考虑溶剂的影响。一般而言,在极性溶剂中,溶质分子极性基团的伸缩振动频率随溶剂极性的增加而向低波数方向移动,并且强度增大。

6. 红外光谱测试样品的制备

要获得一张高质量的红外光谱图,试样的制备是最重要的因素之一。根据待测样品和测试目的的不同,制样方法可以有如下几种:

①压片法:在玛瑙研钵中将固体样品(1～2 mg)研磨成细粉末与干燥的溴化钾(KBr)粉末(100～200 mg)均匀混合,装入模具,在专用的压片机上压制成薄片样品。样品中 KBr 的比例约为 98%,但是 KBr 在 400～4000 cm^{-1} 波数范围内不产生红外吸收,因此常用作样品的基底。

②涂膜法:将液体样品滴加或涂抹在 KBr 薄片上制成试样进行测试。

③薄膜法:通常将样品通过热压成膜、溶液浇筑等成膜方法制备薄膜样试样进行测试。该方法主要用于高分子化合物的测定。

④粉末法:直接使用样品粉末或块状样品进行测试,该方法适用于傅里叶变换衰减全反射红外光谱仪(ATRFTIR)。

三、主要仪器与试剂

1. 仪器

傅里叶变换红外光谱仪(FTIR)、压片机。

2. 试剂

聚苯乙烯薄膜、丙烯酰胺粉末、溴化钾。

四、实验步骤

(1)实验前,先打开计算机工作站,然后打开红外光谱仪,预热 20 min 后进行仪器初始化工作。

(2)参数设置。根据实验的需求对测定方式、分辨率、扫描次数、扫描范围等参数情况进行设置。

(3)制备测试试样。本实验分别采用压片法和薄膜法制备样品。其中丙烯酰胺样品通过压片法制备,聚苯乙烯样品通过薄膜法制备。

(4)采集谱图。首先在测定菜单下进行背景扫描,背景谱图采集结束后放入丙烯酰胺溴化钾压片(或聚苯乙烯薄膜),开始采集样品谱图。结束后,根据谱图的情况,有需要的情况下在处理菜单下进行基线校正、平滑等处理。保存谱图以备解析。

(5)谱图解析。从测绘得到的红外光谱图上找出主要基团的特征吸收,与标准光谱图对照,分析鉴定试样属于何种聚合物。也可以直接调出谱图库进行查找,根据给出的匹配率得出结果。

(6)实验结束时关闭工作站软件,退出程序并关机。

五、实验报告要求

实验报告包括:实验题目、实验目的、实验原理(自己的理解)、实验步骤、实验记录、数据处理、结果和讨论、分析与思考。

(1)根据理论知识分析和解释实验现象;

(2)独立完成实验报告。

六、思考题

(1)红外光谱与拉曼光谱的区别有哪些?

(2)红外光谱仪的操作需要注意哪些事项?

实验十　　高聚物的差热分析

差热分析法(differential thermal analysis,DTA)是一种重要的热分析方法,是指在预设程序控制下对物质和参比物的温度差进行测量,并与温度或时间进行联立表征的一种技术。DTA广泛应用于测定物质在热反应时的特征温度以及反应过程中吸收或放出的热量,包括物质相变、分解、化合、凝固、脱水、蒸发等理化反应,被广泛应用于无机、有机,特别是高分子聚合物、玻璃钢等领域。DTA操作简单,但测量主观误差较大,由不同的设备或测试人员进行的测试所得到的差热曲线结果往往存在差异,峰的最高温度、形状、面积和峰值大小都会发生一定变化。其主要原因在于影响热量的因素过多,传热情况通常较复杂。虽然过去许多人在利用DTA进行量热定量研究方面做过许多努力,但均需借助复杂的热传导模型进行繁杂的计算,而且由于引入的假设条件往往与实际存在差别而使得精度不高。

20 世纪 60 年代,为了克服 DTA 的定量误差缺陷,差示扫描量热法(differential scanning calorimetry,DSC)被提出,其与 DTA 的主要区别是:DTA 测定的是试样与参比物之间的温度差 ΔT 随温度 T 变化的关系,DTA 所得到的差热曲线即 $\Delta T - T$ 曲线,曲线中出现的差热峰或基线突变的温度对应聚合物的转变温度或聚合物反应时的吸热或放热现象;而 DSC 测定的是在相同的程控温度变化下,维持样品和参比物之间的温差为零所需的热量与温度 T 的关系,因此它在定量分析方面的性能明显优于 DTA。DSC 温度范围比较宽,分辨能力和灵敏度高,可用于定量测量各种热力学参数和动力学参数,如聚合物的相转变温度、测量结晶温度 T_c、熔化温度 T_m、结晶度 X_c 等结晶动力学参数;测定聚合物的玻璃化转变温度 T_g;研究聚合、固化、交联、氧化、分解等反应;测定反应温度中反应温区、反应热及反应动力学参数等。

一、目的要求

(1)掌握差示扫描量热法(DSC)中仪器的使用方法;

(2)了解 DSC 的基本原理,通过 DSC 测定聚合物的加热和冷却谱图;

(3)通过 DSC 测定聚合物的 T_g、T_m、T_c、X_c 等参数。

二、实验原理

1. DSC 简介

在 DSC 表征中,为使试样和参比物的温差保持为零,将在单位时间所必需施加的热量与温度作图得到 DSC 曲线。曲线的纵轴为单位时间所需热量,横轴为温度或时间,因此曲线的面积正比于热熔的变化。

DSC 在高分子方面的应用特别广泛,试样在受热或冷却过程由于发生物理变化或化学变化而产生对应的热效应。试样发生热力学状态变化时(例如,由玻璃态转变为高弹态),虽无吸热或放热现象,但比热会发生急剧变化,表现在差热曲线上则是基线的突然变动。试样的大部分热效应均可用 DSC 进行检测,可测量的热效应大致归纳为如下三类。

(1)常见吸热反应:如结晶、蒸发、升华、脱结晶水、二次相变(如高聚物的玻璃化转变)、气态还原等。

(2)常见放热反应:如氧化降解、气态氧化(燃烧)、爆炸、再结晶等。

(3)放热或吸热均可能的反应:结晶形态的转变、化学吸附、化学分解、氧化还原反应、固态反应等。

因此，DSC在高分子方面可以用于如下表征：①研究聚合物的相转变过程，测定结晶温度 T_c、熔点 T_m、结晶度 X_c 等结晶动力学参数；②测定玻璃化转变温度 T_g；③研究聚合、固化、交联、氧化、分解等反应，测定反应温度或反应温区、反应热、反应动力学参数等；④材料种类以及组分比例测定。

2. DSC 测量原理

根据测量方法的不同，DSC可分为功率补偿型 DSC 和热流型 DSC。功率补偿型 DSC 是内加热式，结构如图 3-13 所示。样品和参比物处于独立的样品台上，样品和参比物下各有一个温敏元件和加热器，采用动态零件平衡原理，要求样品和参比物温度无论何时温度差都趋于零，测定的是维持样品和参比物处于相同温度所需的能量差（$\Delta W = dH/dt$），反映了样品焓的变化。热流型 DSC 是外加热式，结构如图 3-14 所示。采用外加热的方式通过空气和铜制垫片把热传递给试样和参比物，通过温敏元件对测量试样和参比物的温度，测定样品和参比物两端的温差 ΔT，然后根据热流方程，将 ΔT 换算成 ΔQ（热量差）输出信号。

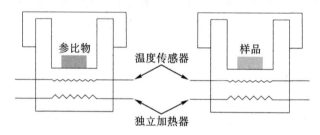

图 3-13　功率补偿型 DSC 结构示意图

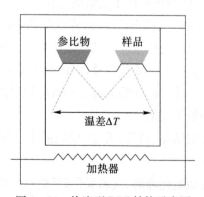

图 3-14　热流型 DSC 结构示意图

使用功率补偿式 DSC 测试,当试样发生热效应时,如放热时试样温度高于参比物温度,放置在它们下面的差示热电偶会产生温差电势,经差热放大器放大后进入功率补偿放大器,功率补偿放大器自动调节补偿加热丝的电流,使试样下面的电流减小,参比物下面的电流增大,进而平衡试样和参比物的温度,使试样与参比物之间的温差 ΔT 趋于零。在 DSC 测试过程中,上述热量补偿可以及时、迅速完成,使试样和参比物的温度始终维持相同。

设两边的补偿加热丝的电阻值相同,即 $R_S = R_R = R$,补偿电热丝上的电功率为 $P_S = I_S^2 R$ 和 $P_R = I_R^2 R$。当样品无热效应时,$P_S = P_R$。当样品有热效应时,P_S 和 P_R 之差 ΔP 能反映样品放(吸)热的功率如下:

$$\Delta P = P_S - P_R = I_S^2 R - I_R^2 R = (I_S^2 - I_R^2) R$$
$$= (I_S + I_R)(I_S - I_R) R = (I_S + I_R) \Delta U = I \Delta U \qquad (3-15)$$

由于总电流 $I = (I_S + I_R)$ 为恒定值,所以样品放(吸)热的功率 ΔP 只与 ΔU 成正比。记录的 ΔP 随温度 T(或时间 t)的变化,能反映出试样放热速度(或吸热速度)随 T(或 t)的变化,也就是 DSC 曲线。在功率补偿型 DSC 曲线中,峰的面积是维持试样与参比物温度相等所需要输入的电能的真实量度,它与仪器的热学常数或试样热性能的各种变化无关,可进行定量分析。

DSC 曲线的纵坐标代表试样放热或吸热的速度,即热流速度,单位是 mJ/s,试样的放热或吸热的热量 ΔQ 为

$$\Delta Q = \int_{t_1}^{t_2} \Delta P \mathrm{d}t \qquad (3-16)$$

该式右边的积分就是峰的面积 A,是 DSC 直接测量的热效应热量。但试样和参比物与补偿加热丝之间总存在热阻,补偿的热量总会存在漏失,因此热效应的热量应修正为 $\Delta Q = KA$。K 称为仪器常数,可由标准物质测量确定。这里的 K 不随温度、操作条件而变,这就是 DSC 比 DTA 定量性能好的原因。同时,试样和参比物与热电偶之间的热阻可做得尽可能的小,这就使 DSC 对热效应的响应快、灵敏,峰的分辨率好。

3. DSC 曲线分析

通过 DSC 曲线可以获得多种聚合物参数和相变等信息,本章仅将最为重要的玻璃化转变行为和结晶行为进行初步介绍,感兴趣的读者可以查阅相关专业书籍。

(1)玻璃化转变。玻璃化转变是指无定型聚合物或半结晶聚合物中的无定型区域在升温过程中从硬的、相对脆的玻璃态到橡胶态的一种可逆转变。玻璃

化转变温度(T_g)即发生玻璃化转变时的温度。当温度达到聚合物玻璃化转变温度时,试样的热容由于链段的运动而发生显著增加。所以相对于参比物,试样要维持与参比物相同温度就需要加大试样的加热电流,表现在 DSC 曲线上为基线的上移。由于玻璃化温度不是相变化,曲线只产生阶梯状位移。玻璃化转变发生在一个温度区间内,因此 T_g 的确定有多种方法。常见的方法如下:

- 等距法:做一条与转变前后基线平行且距离相等的直线,该直线与曲线的交点所对应的温度即为等距法确定的玻璃化转变温度 $T_{1/2g}$。
- 拐点法:确定双转变时的拐点 T_{ig}(斜率最大处)处为玻璃化转变温度。
- 等面积法:作一条垂直于两基线的直线,使该垂线与基线和曲线所包围的面积等于两基线与曲线所包围的面积之和。该垂线与曲线的交点对应的温度即为 T_g。

(2)结晶与熔融。在降温过程中,试样若发生结晶则会释放大量结晶热而产生一个放热峰。类似地,样品升温过程中可能发生结晶熔融吸热,则曲线中出现吸热峰。

在 DSC 曲线中,结晶试样熔融峰的峰面积对应试样的熔融焓 ΔH_m(单位为 J/g),可按如下公式计算试样的结晶度 X_c:

$$X_c = \frac{\Delta H_m}{\Delta H_{m^*}} \times 100\% \qquad (3-17)$$

式中,ΔH_m 为试样的熔融焓,ΔH_{m^*} 为完全结晶聚合物的熔融焓。

(3)化学反应。当温度过高时,试样可能发生氧化、交联等化学反应,一般会出现放热峰。若试样发生分解吸热,则出现吸热峰。

4. 影响实验结果的因素

DSC 的原理和操作都比较简单,但取得精确的结果却很不容易,影响实验结果的因素有仪器因素和试样因素。仪器因素主要包括炉子大小和形状、热电偶的粗细和位置、加热速度、记录速度、测试时的气氛、盛放样品的坩埚材料和形状等。试样因素主要包括颗粒大小、热导性、比热、填装密度、数量等。在固定使用同一台仪器时,仪器因素中的主要影响因素是加热速度,样品因素中的主要影响因素是样品的数量。在仪器灵敏度许可的情况下,试样应尽可能的少;但是在测量 T_g 时,因为比热容变化较小,样品的量应适当多一些。试样的量和参比物的量要匹配,以免两者热容相差太大而引起基线飘移。

三、仪器与试剂

1. 仪器

NETZSCH DSC - 200F3 热分析仪、分析天平。

2. 试剂

聚对苯二甲酸乙二醇酯(PET)、聚丙烯(PE)、苯甲酸、α - Al_2O_3。

四、实验步骤

1. 制样

称取 3～10 mg 样品(PET、PE)放在铝皿中,盖上盖子,用卷边压制器冲压即可。

除气体外,固态、液态或黏稠状样品均可用于测定。装样时应尽可能使样品均匀、密实地分布在样品皿中,以提高传热效率和降低热阻。

2. DSC 操作程序

(1)启动电源,并预热至少 1 h。

(2)开氮气总阀,调氮气流量为 20 mL/min,保护气体总流量为 50 mL/min。

(3)设置测定参数:打开 NETZSCH - TA4_5 软件,进入 DSC 200F3 在线测量;打开仪器设置,在菜单中选择"带盖铝坩埚";关闭 Window 窗口。

(4)基线测量:在文件下拉菜单中点击"新建"进入 DSC 200F3 测量参数,输入相应的实验参数;点击"开始",得到基线曲线。

(5)样品测量:在基线实验参数条件下进行样品测量。

(6)利用分析软件进行数据分析。

(7)实验完毕,依次关闭计算机电源、主机电源、冷却系统电源、氮气总阀。

3. 数据处理

(1)仪器能量和温度校正。

称取苯甲酸 3～5 mg、α - Al_2O_3 5 mg,分别装入铝制坩埚中,加盖压紧,放入测量室中,扫描 DSC 曲线,确定 T_m,并与苯甲酸实际的 T_m 进行比较,得到温度的校正值。测量熔融峰面积,求出仪器校正常数 K,即每单位面积的热量值。

已知苯甲酸的 $T_m = 122$ ℃,$\Delta H_{m^*} = 67.9$ J/g。

(2)峰面积的求法。

①称重法:用硫酸纸做出面积-重量的标准曲线,再以实验图形用硫酸纸描画图形剪下称量对照曲线得面积。此法误差较大,误差约为20%。

② 数格法:以100个小格相当于1 cm²,数出峰形中的小方格数X,则面积$A=1/100 \cdot X$,单位为cm²。

③计算机(求积仪)法:通过软件直接计算求得峰形面积大小。

④三角形面积法:峰形接近等腰三角形,可以半高宽法求得面积值。

(3)测定PET的ΔH。

称取5～10 mg PET,扫描DSC曲线,由曲线确定T_g、T_m、T_c,并按下式计算其热熔值ΔH。

$$\Delta H = KA/m \quad (J/g)$$
$$校正常数:K = \Delta H_m \times m/A \quad (J/cm^2)$$

式中,ΔH_m为试样的熔融热;m为试样的质量;A为试样熔融峰面积测定PET的X_c:

称取5～10 mg PE,扫描DSC曲线,由曲线确定T_m、T_c,并按下式求出PET的结晶度X_c:

$$X_c = \Delta H_m/\Delta H_{m^*} \times 100\%$$

式中,ΔH_{m^*}为68.4 J/g,是完全结晶的PE的熔融热。

五、实验报告要求

实验报告内容:实验题目、实验目的、对实验原理的理解、实验步骤、实验记录、数据处理、结果和讨论、分析与思考。

要求:根据理论知识分析和解释实验现象;独立完成实验报告。

六、思考题

(1)T_g为何在DSC曲线上不是峰形图?

(2)为什么试样颗粒大小、装料密度等均影响T_g的大小?

实验十一　聚合物的结晶行为研究

偏光显微镜是一种简单实用的方法,可用于研究聚合物的结晶形态、晶体生长和熔融过程。根据结晶条件的不同,聚合物可以形成不同的结晶形态,如单晶、树枝晶、球晶、串晶等。当聚合物从稀溶液中析出时,可能形成单晶结构;而当聚合物从浓溶液中析出或从熔体冷却结晶时,倾向于生成较为复杂的结晶聚集体,通常呈球形,称为球晶。对于微米尺度的球晶,可以使用偏光显微镜进行观察;而对于较小的球晶,如亚微米尺寸的球晶,可以使用电子显微镜进行观察。

聚合物的结晶结构和形态对其性能有着非常重要的影响,例如透光性、韧性和强度。小晶粒结构相对于大晶粒有助于提高材料的韧性。因此,研究聚合物的结晶形态,以及控制结晶和熔融过程对理论和应用都具有重要的价值。

一、目的要求

(1)了解偏光显微镜的结构、原理及使用方法;

(2)观察聚合物的结晶形态,估算等规聚丙烯和左旋聚乳酸球晶大小;

(3)观察左旋聚乳酸的结晶和熔融过程。

二、基本原理

1. 偏光显微镜

光波是一种电磁波,它的传播方向与振动方向垂直。当我们观察光波传播方向上的一个横截面时,自然光的振动方向在观察面中的各个方向上的概率是相等的(图3-15)。当振动方向只有一个方向时,我们称之为线偏振光(或平面偏振光);而当光矢量端点的轨迹为一个圆,即光矢量不断旋转、大小不变但方向随时间有规律地变化时,我们称之为圆偏振光。在偏光显微镜中,通常使用偏振片(起偏器)将光源变为线偏振光。

自然光　　　　　　　线偏振光　　　　　　　圆偏振光

图 3-15　自然光与偏振光振动特点示意图

偏光显微镜是高分子结晶研究中最基础的光学设备。高分子晶体中分子链平行排列并且紧密堆积,沿分子链方向和垂直分子链方向的折射率通常不一样,因此高分子晶体具有双折射性质。偏光显微镜利用一组偏振方向相互垂直的偏振片,可以解析高分子晶体中光矢量振动方向沿光学切面最大主折射率方向和最小主折射率方向传播的两束偏振光的光程差,并将其反映为图像的光强。对于高分子球晶来说,偏光显微镜所看到的光强信息是由入射偏振光经过晶体双折射产生的分量最终合成的结果。在正交偏光下,球晶呈现出黑十字消光图案,这是因为理想的高分子球晶其片晶沿半径方向生长,结构呈现圆对称。

偏光显微镜的基础结构如图 3-16 所示,一般包含光源、起偏器、载物台、物镜、检偏器以及成像装置等。

偏振片可以将自然光转变成线偏振光,是偏光显微镜的重要组成部分。常用的偏振镜包括尼科耳棱镜和人造偏振片,它们既可以将自然光转变成线偏振光,也可以用来检查线偏振光,分别被称为起偏器和检偏器。一般偏光显微镜包括起偏器和检偏器两个偏振片。起偏器被安装在光源和被检测物体之间,可以使进入显微镜的光线转变为偏振光;而检偏器被安装在物镜和目镜之间,用于分析偏振光。检偏器的偏振方向和起偏器垂直,上面有旋转角的刻度。当起偏器与检偏器的振动方向相互垂直时,称为正交偏振场,此时从目镜中看到的光强最弱。由光源发出的非偏振光通过起偏镜后变成线偏振光,照射到置于工作台上的结晶试样上,从目镜中看到的图像是一个干涉图像。

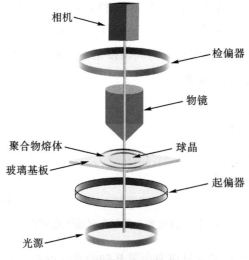

图 3-16　偏光显微镜的基础结构

2. 球晶的形成和成像原理

球晶的生长过程如图 3-17 所示。球晶的生长以晶核为中心,从初级晶核生长的片晶开始,片晶生长发生分叉,形成新的片晶。这些片晶在生长时会发生弯曲和扭转,并进一步分叉形成新的片晶,如此反复,最终形成以晶核为中心、向外发散的三维球形晶体。球晶的基本结构单元是折叠链晶片,片晶沿径向生长,而分子链垂直于球晶的半径方向。

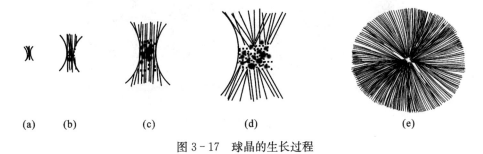

(a)　　(b)　　　　(c)　　　　　(d)　　　　　　　　(e)

图 3-17　球晶的生长过程

偏光显微镜观察聚合物球晶结构是基于其双折射性和对称性。当一束偏振光进入各向同性的均匀介质中时,偏振方向不发生改变,因而偏振光无法经过垂直于偏振方向的检偏器,最终呈现为全黑的状态。对于各向异性的晶体来说,其光学性质也具有各向异性。当偏振光通过它时,因不同方向折射率的差异偏振光会分解为振动平面互相垂直的两束光,它们的传播速度一般是不相等的,因而当这两束光经过晶体后会产生相位差,进而发生干涉,这种现象称为双折射。晶体的一切光学性质都和双折射有关。因此,当来自偏振片的偏振光通过球晶样品时,首先发生双折射现象,导致偏振光分成两束电矢量振动相互垂直的偏振光,它们的偏振方向分别平行于或垂直于球晶的半径方向。由于两个方向上的折射率不同,光线通过样品的传播速度也不同,因此这两束光必然会产生一定的相位差,从而发生干涉现象。同时,当偏振光经过平行和垂直起偏器的球晶径向位置时,偏振光在垂直起偏器方向的分量为 0,偏振光经过球晶后偏振方向不会发生改变,因而偏振光无法通过检偏器,结果使得球晶平行和垂直起偏器的径向区域呈现全黑状态,即所谓的黑十字消光图案。

在球晶的偏光显微镜观察中还时常可以观察到一类更为复杂的球晶形态,除了黑十字消光图案,这类球晶还呈现环状明暗交替的圆环。通过扫描电子显微镜、原子力显微镜、广角 X 射线衍射等技术已经证明,这类明暗交替的圆环图样是由于径向生长的片晶发生了周期性的扭曲。随着片晶沿径向的扭曲,当光轴(通常沿着分子链方向)旋转至光传播方向时,偏振光的方向将不会发生改变,进而无法通过检偏器呈现出全黑的圆环,如图 3-18 所示。

普通球晶　　　　　　　　　　　　　环带球晶

图 3-18　球晶的偏光显微镜照片

3. 球晶结晶与熔融变化

球晶的生长过程如图 3-19 所示。可以观察到球晶成核生长,在偏光显微镜下呈现为圆形。随着时间的推移,球晶尺寸不断增大,直至球晶与相邻球晶碰撞。球晶同时成核并以相同速率生长,其碰撞界面是平面。如果成核时间不同或生长速率不同,两球晶的界面则为曲面。

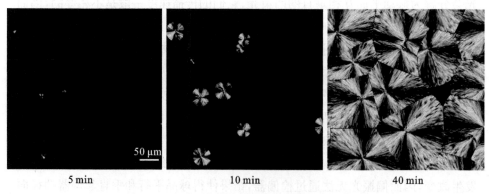

5 min　　　　　　　　　　10 min　　　　　　　　　40 min

图 3-19　120 ℃等温条件下球晶随时间的变化情况

当聚合物处于熔融状态时,呈现光学各向同性,入射光自起偏器通过熔体时,偏振方向不发生改变,故不能通过与起偏器呈 90°的检偏器,显微镜的视野为暗场。球晶的熔融过程如图 3-20 所示。随着温度升高,当温度达到结晶聚合物的熔点时,球晶的双折射逐渐变暗;而当温度达到熔融温度时,球晶发生熔融,晶体的双折射消失,视场变为全黑状态。

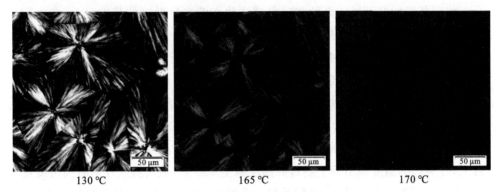

130 ℃　　　　　　　　　　165 ℃　　　　　　　　　　170 ℃

图 3-20　等规聚丙烯球晶的熔融过程

三、仪器与试剂

1. 仪器

烘箱、偏光显微镜、镊子、载玻片、盖玻片。

2. 试剂

等规聚丙烯、左旋聚乳酸。

四、实验步骤

(1)聚合物差热分析测定聚合物的熔点,详见实验十。

(2)聚合物试样的制备。

聚合物球晶通过熔融法制备。首先把已清洗干净的载玻片、盖玻片及专用砝码放在恒温熔融炉内(温度设定一般比 T_m 高约 30 ℃,聚丙烯和左旋聚乳酸的熔点约 170 ℃)恒温 5 min。然后把少许聚合物(约几毫克)放在载玻片上,并盖上盖玻片,恒温 10 min 使聚合物充分熔融后压上砝码,轻压试样至薄片并排去气泡,再恒温 5 min 使聚合物薄片消除内应力。此时,自然冷却样品即可形成球晶。

为了获得更大尺寸的球晶,可在稍低于熔点的温度恒温一定时间使球晶充分长大,然后再自然冷却至室温。对于等规聚丙烯而言,可在 150 ℃保温 30 min;而左旋聚乳酸可在 130 ℃左右恒温 30 min,待球晶生长。

(3)观察聚丙烯和聚乳酸球晶试样。

将制备好的聚丙烯或聚乳酸球晶试样放在偏光显微镜的载物台上,在正交偏振条件下仔细观察球晶形态。

在观察中可轻轻移动载玻片的位置,以便观察整个试样的结晶情况,并记录下所观察到的现象。对于制备得较好的球晶样品图形可在计算机上保存。

(4)观察球晶在熔融过程中随温度的变化情况以及等温结晶过程中的变化情况。

以聚乳酸球晶为例。将上述步骤制备的聚乳酸球晶放在偏光显微镜的载物台上,在旁边的温度调节器上将最高温度调至 200 ℃,最高温度停留时间可设置为 30 min,前期以 3 ℃/min 开始升温。升温至 150 ℃左右球晶变化较为明显,可每隔 1 min 拍照记录一次。一般球晶在 168 ℃左右开始熔融。由于后期升温熔融速度较快,可将升温速度调至 1 ℃/min。当温度升至 180 ℃左右时,球晶基本熔融。

继续升温至 200 ℃,可停留 2~5 min 使聚乳酸完全熔融。然后将最低温度调至 130 ℃左右并以 30 ℃/min 开始冷却降温。降至预设温度时,通常即可观察到聚合物开始慢慢结晶,有小球晶出现。可每隔 2 min 拍照记录一次。继续等温结晶,球晶持续长大,直至相互接触。

(5)观察完毕后整理好实验用品。

五、实验报告要求

实验报告包括:实验题目、实验目的、实验原理(自己的理解)、实验步骤、实验记录、数据处理、结果和讨论、分析与思考。

(1)根据理论知识分析和解释实验现象;

(2)独立完成实验报告,绘出结晶形态示意图,计算球晶直径。

六、思考题

(1)解释出现黑十字消光图案和一系列同心圆环图案的结晶光学原理。

(2)在实际生产中如何控制晶体的形态?

拓展阅读三

高分子科学的发展与诺贝尔奖(二)

随着高分子化学和物理学科的建立与相关理论的完善,高分子科学进入了新的发展阶段。在这个阶段,各类合成高分子材料被开发出来并进入市场,极大地丰富了人们的生活,为人类社会发展做出了巨大贡献。在这个阶段,诺奖得主们的工作已经由建立科学体系转向了开拓新领域、创新理论体系上,他们的工作进一步丰富和完善了高分子科学。

高分子化学发展到 20 世纪 70~80 年代,传统聚合物的合成技术已经较为成熟,然而对于多肽等具有精准聚合单元的聚合物仍然缺乏成熟的方法。美国生物化学家罗伯特·B. 梅里菲尔德(Robert B. Merrifield)开发出了多肽的固相合成技术。该技术一经提出便很快取代液相多肽合成技术,成为多肽合成的主流。梅里菲尔德也由于固相合成技术的发明,获得了 1984 年的诺贝尔化学奖。他的获奖理由是"for his development of methodology for chemical synthesis on a solid matrix"。

在高分子物理领域,另一个具有里程碑意义的理论贡献来自于法国物理学家皮埃尔-吉勒·德热纳(Pierre - Gilles de Gennes)。他成功地将研究简单体系中有序现象的方法推广到高分子体系,并据此建立了一套完整的高分子标度理论(scaling concepts)体系。标度理论极大地简化了高分子物理的研究。由于在物理领域的杰出成就,德热纳在 1991 年被授予诺贝尔物理学奖。他的获奖理由是"for discovering that methods developed for studying order phenomena in simple systems can be generalized to more complex forms of matter, in particular to liquid crystals and polymers"。值得一提的是,在颁奖典礼的演讲中,他提出了软物质(soft matter)的概念,这一概念至今仍被科学界广泛使用。

导电聚合物的发现是高分子科学发展中的又一个里程碑。在 1977 年,日本筑波大学的白川英树(Hideki Shirakawa)、美国加利福尼亚大学的艾伦·J. 黑格(Alan J. Heeger)和美国宾夕法尼亚大学的艾伦·G. 麦克迪尔米德(Alan G. MacDiarmid)报告了掺碘的氧化聚乙炔有高导电率现象。在他们的发现基础上,科学界逐渐发现了大量的导电高分子,如聚苯胺、聚吡咯、聚噻吩和聚对苯乙烯等。现在,导电聚合物已经发展成为一个重要的高分子科学研究领域,并产生了高分子导体、电极、薄膜晶体管、有机太阳能电池、有机发光二极管、变色玻璃等诸多有价值的新材料和器件。由于在导电聚合物领域开创性的发现,他们三人共同获得 2000 年的诺贝尔化学奖。他们的获奖理由是"for the discovery and development of conductive polymers"。

在以上高分子科学发展中,同时还涌现出了很多其他优秀的科学家,他们对于高分子化学和物理的发展也做出了巨大的贡献。也许在不久的将来,我们可以在诺贝尔奖的舞台上看见他们的身影。

将诺奖得主们的成果进行梳理,不仅仅是为了帮助我们了解高分子科学的发展脉络,也是因为他们身上展现出的勇于探索、敢于创新的科学精神值得我们学习。现在的高分子科学仍未达到完善的程度,仍有大量的问题需要我们去解决,仍有广阔的舞台等着我们。今天,中国的高分子科学家已经走上国际舞台,并且已经做出了大量引领性的研究,相信在不久的将来,他们也会站到诺贝尔奖的领奖台上。

第4章 高分子材料制备与性能测试

实验十二 水凝胶制备与性能测试

水凝胶是一类由聚合物链通过物理或化学交联形成的三维网络结构,在该网络中分散了大量的水,使其同时具有液体和固体的性质。水凝胶的网络结构可以是亲水的高分子量聚合物,如天然的透明质酸、海藻酸钠、壳聚糖、明胶,人工合成的聚氧化乙烯、聚乙烯醇等;也可以是同时具有亲水和疏水结构的聚合物,如聚(N-异丙基丙烯酰胺)、普兰尼克(Pluronic,环氧丙烷与环氧乙烷的共聚物)等。水凝胶具有优良的生物相容性,在医药、医疗器械、生物材料、化妆品、水处理等领域具有极为广泛的应用。本实验将以海藻酸钠和钙盐为原料,通过简单方法制备一类生物相容水凝胶,通过对该凝胶的制备过程和性能探究,增强学生对水凝胶的了解。

一、实验目的:

(1)了解水凝胶的形成机理;

(2)掌握海藻酸钙水凝胶的制备方法;

(3)了解水凝胶的基本性能。

二、实验原理

1. 水凝胶的结构和性能

水凝胶是一种由亲水性聚合物通过物理或化学交联形成的具有多孔三维网络结构的材料。它不溶于水,但可以在其三维凝胶网络中吸收水和其他水溶液,并使体积发生膨胀。水凝胶的吸水性和溶胀性主要取决于聚合物链中的亲水基团(羧基、羟基、氨基等)。

自20世纪60年代Otto Wichterle和Drahaslav Lim将甲基丙烯酸羟乙酯与乙二醇二甲基丙烯酸酯共聚合成了第一代水凝胶,并将该水凝胶应用于隐形眼镜以来,水凝胶的研究得到了迅猛的发展。水凝胶在组织工程领域经常被用作体外组织模拟,这需要一定的生物相容性和生物降解性。水凝胶作为一种新型药物载体,具有有效的药物负载和缓释能力,可以在肿瘤部位实现持续的药物递送和释放,而且与常规用药方式相比其副作用要小得多。水凝胶材料由于其具有高性能和多功能的特点,在食品防腐、医疗给药、伤口愈合和烧伤修复、临床组织工程支架结构等研究领域备受关注。另外,水凝胶材料还广泛应用于农业和日常生活中,如隐形眼镜和尿不湿等。

目前,水凝胶根据原材料的不同可分为合成聚合物水凝胶和天然聚合物水凝胶。由天然聚合物制成的水凝胶具有经济、易获得、潜在的可生物降解和生物相容性等优点,是一种理想的食品和药物辅材。常见用于制备水凝胶的天然聚合物有纤维素、明胶、透明质酸、海藻酸钠、琼脂、壳聚糖和胶原蛋白等。由天然聚合物制备的水凝胶由于其易于获得和具有良好的生物相容性,在药物缓释等领域受到了研究人员的青睐。

2. 海藻酸钠及其水凝胶

海藻酸钠是一种广泛应用的天然多糖,主要从海藻、马尾藻、周缘藻和大型藻类等褐藻中获得,也可以通过特殊细菌的发酵产生。海藻酸钠的固体是一种白色或淡黄色的粉末,其水溶液具有高黏度和增稠、悬浮、乳化、稳定性、凝胶化、成膜和纺丝等功能。长期以来,它被广泛应用于食品、造纸和化妆品等行业。

海藻酸钠的化学结构复杂,从不同类型的原料中提取的海藻酸钠具有不同的结构。研究表明,海藻酸钠由两个构象异构体残基 β-甘露糖醛酸(M)和 α-葡萄糖醛酸(G)组成。M 和 G 残基通过糖苷结合形成同源二聚体 GG、MM 和异二聚体 MG/GM 连接(图 4-1),这些二聚体的不同组合形成了具有不同序列

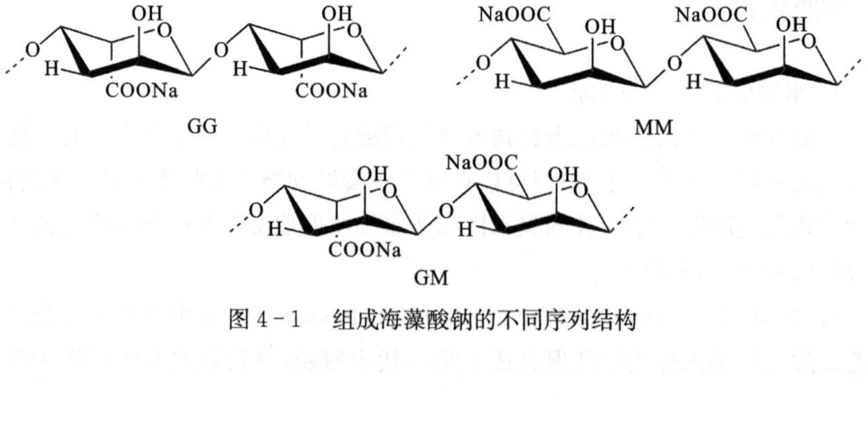

图 4-1　组成海藻酸钠的不同序列结构

的海藻酸钠。海藻酸钠作为一种高分子材料,其性能受 G 单元和 M 单元含量的影响,二者的比例决定了海藻酸钠的分子结构和物理、化学、生物学特性。以 G 残基为主的体系具有较强的凝胶能力,以 M 残基为主的体系具有较强的链弹性。

由于海藻酸钠在水溶液中电离后,其羧基提供了大量的配位电子,因此可以与钙离子、锰离子、铁离子等多价阳离子螯合,从而使海藻酸钠凝胶化。当在海藻酸钠溶液中引入 Ca^{2+} 时,Ca^{2+} 会取代藻酸盐中的 H^+ 和 Na^+,并与 G 残基形成"鸡蛋盒"结构(图 4 - 2)。由于在制备此种凝胶过程中条件温和,不会对细胞活性造成明显的损伤,因此用 Ca^{2+} 交联海藻酸钠在生物医学领域被广泛应用。

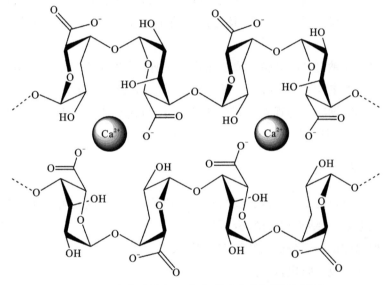

图 4 - 2　海藻酸钠与 Ca^{2+} 交联形成的"鸡蛋盒"结构

钙源的种类对交联海藻酸钠水凝胶的结构和性能具有重要影响。溶解性较好的钙盐如氯化钙,在加入到海藻酸钠溶液中后会迅速溶解并释放大量 Ca^{2+};而在 Ca^{2+} 周围的海藻酸钠溶液则马上形成了凝胶,并阻隔了 Ca^{2+} 的扩散和后续凝胶反应的发生,导致无法获得具有良好三维结构的均匀凝胶。

降低钙盐的溶解度可以显著提高水凝胶的均匀性。溶解度较低的硫酸钙、碳酸钙等在水中溶解较慢,其周围 Ca^{2+} 浓度较低不能及时形成凝胶,因此允许 Ca^{2+} 进一步扩散。当溶液整体的 Ca^{2+} 浓度达到临界浓度时,海藻酸盐网络才逐渐形成,最后形成结构均匀的水凝胶。该水凝胶一般具有较好的力学性能。

三、主要仪器与试剂

1. 仪器

烧杯、磁力搅拌器、分析天平。

2. 试剂

海藻酸钠、柠檬酸、$CaCl_2$、$CaCO_3$、蒸馏水。

四、实验步骤

(1)海藻酸钠溶液的制备。准确称取 1.50 g 海藻酸钠,分散于 98.50 g 蒸馏水中,使用磁力搅拌器搅拌过夜,使海藻酸钠充分水化形成质量浓度为 1.5%的黏稠溶液。

(2)海藻酸钠凝胶的制备。取 20 g 海藻酸钠溶液两份,分别加入 20 mg $CaCO_3$ 粉末和 $CaCl_2$ 粉末,快速搅拌 1 min,然后静置固化 1 h 后得到凝胶。

(3)海藻酸钠凝胶的观察。观察两种凝胶的形貌,比较二者的拉伸性能,并讨论二者在形貌和力学性能方面的差异及其原因。

五、实验报告要求

实验报告包括:实验题目、实验目的、实验原理(自己的理解)、实验步骤、实验记录、数据处理、结果和讨论、分析与思考。

(1)根据理论知识分析和解释实验现象;

(2)独立完成实验报告。

六、思考题

(1)凝胶形成的机理是什么?

(2)钙盐的溶解度对凝胶形成过程有何影响?

实验十三　聚合物的应力-应变曲线的测定

　　高分子材料被广泛应用于工业、生产和生活的各个领域,不同类型的高分子材料其性能往往有极大的差别,如橡胶是强度低但是韧性高的材料,而热固性树脂一般强度较高,但韧性不足。在高分子材料设计层面,只有对其力学性质充分了解,才能恰当地选择和使用高分子聚合物材料。

　　拉伸性能是高分子聚合物材料的一种基本力学性能指标。其基本过程是在拉伸实验机上对试样施加载荷直至其断裂,由此来测量试样所能承受的最大载荷及相应的形变。通过拉伸实验可得到材料的拉伸强度、断裂伸长率及拉伸弹性模量等力学参数。

一、实验目的

　　(1)掌握高分子材料拉伸强度、断裂伸长率及拉伸弹性模量的物理意义;

　　(2)了解不同高分子材料力学性能的特点。

二、实验原理

　　拉伸实验是最基本、用途最广泛的一种材料力学实验。在拉伸实验中,拉伸应力和拉伸应变是主要的考虑参数。拉伸应力 σ 和拉伸应变 ε 的定义如下:

$$\sigma = \frac{F}{A_0} \tag{4-1}$$

$$\varepsilon_1 = \frac{l - l_0}{l_0} = \frac{\Delta l}{l_0} \tag{4-2}$$

式中,F 为施加外力;A_0 为外力作用面积;l_0 和 l 分别为试样测试区域的初始长度和外力作用下的长度;ε_1 是沿外力方向的拉伸应变。

　　此外,将应力与应变之比定义为材料的杨氏模量。它反映了材料抵抗形变能力的大小,模量越大则材料的刚度越大。

$$E = \frac{\sigma}{\varepsilon_1} \tag{4-3}$$

　　高分子材料有很宽的杨氏模量分布范围,橡胶的杨氏模量约为 10^5 Pa,而硬塑料的杨氏模量达到 10^9 Pa。有时采用模量的倒数比使用模量更方便,因此将杨氏模量的倒数定义为拉伸柔量,用 D 表示。

　　材料被单向拉伸时,在拉伸方向伸长的同时还伴有横向的收缩。如果定义材料横截面上两个边长分别为b_0和d_0,则横向应变为

$$\varepsilon_2 = \frac{b-b_0}{b_0} \quad \text{和} \quad \varepsilon_3 = \frac{d-d_0}{d_0} \tag{4-4}$$

　　通常将横向收缩对轴向伸长之比定义为泊松比ν:

$$\nu = -\frac{\varepsilon_2}{\varepsilon_1} = -\frac{\varepsilon_3}{\varepsilon_1} \tag{4-5}$$

　　由此可见,材料受拉伸时,外形尺寸改变的同时它的体积也发生了变化。然而对高分子材料来说,拉伸时的体积变化相对于其形状来说改变是很小的。特别是橡胶,拉伸时类似液体的行为,体积几乎不变,泊松比接近于0.5。

　　典型的高分子材料拉伸曲线也称为拉伸应力-应变曲线(tensile stress-strain curve),它是以拉伸应力为纵坐标、拉伸应变为横坐标得到的特性曲线。它往往是通过拉力机在一定的拉伸速度下自动记录拉伸负荷-形变曲线,经变换得到图4-3。由该曲线可以获得关于其力学性质的许多信息,如拉伸强度、断裂伸长率、屈服应力、模量和韧性等,它们主要和大形变特性有关。以下对几个主要概念进行解释。

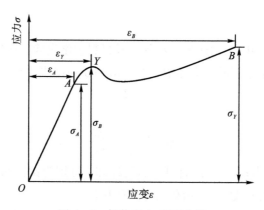

图4-3　拉伸应力-应变曲线

　　图中有三个重要的节点,其中A为弹性极限,代表材料受外力达到此极限时,除去外力其形变可以恢复;Y为屈服点,代表材料弹性性能的结束和塑性性能的开始,即使应力不再增加,试样仍继续发生明显的塑性变形;B为断裂点,代表试样的断裂破坏。

　　拉伸强度(tensile strength)是指在实验过程中试样的有效部分原始横截面

单位面积所承受的最大负荷。

断裂伸长率(elongation at break)是指在试样断裂后,拉伸后的伸长长度与拉伸前长度的比值。

韧性(toughness)是指应力-应变曲线下方的区域面积,代表发生断裂前单位体积的材料所吸收的能量。

定伸应力(tensile stress at a given elongation)是指试样的试验长度拉伸至给定伸长率时的拉伸应力,代表材料达到特定拉伸率所需施加的单位截面积上的负荷。常见定伸应力有 100%、200%、300%、500%定伸应力。

由于高分子材料的种类众多,它们在室温和通常拉伸速度下的应力-应变曲线呈现复杂的情况。按照拉伸过程中屈服的表现、伸长率大小以及断裂情况,材料可分为五种类型,即硬而脆型、硬而强型、硬而韧型、软而韧型、软而弱型,见表4-1。

表 4-1　高分子材料应力-应变曲线的五种类型

材料力学类型	典型高分子材料	应力-应变特点	应力-应变曲线
硬而脆型	PS、PMMA、酚醛树脂等	模量高、拉伸强度大、无屈服点,断裂伸长率一般小于 2%	
硬而强型	硬质 PVC 等	杨氏模量高,拉伸强度高,断裂伸长率可达到 5%	
强而韧型	尼龙 66、PC 和 POM 等	强度高、断裂伸长率大,拉伸过程中产生细颈	
软而韧型	橡胶、增塑 PVC、聚乙烯、聚氨酯等	模量低、屈服点低或没有屈服点,伸长率大(20%~2000%),断裂强度高	
软而弱型	凝胶等	模量低,屈服应力低,断裂伸长率中等	

　　高分子材料的拉伸性能测试主要根据相关国标进行,如 GB/T 1040.1—2018《塑料拉伸性能的测定　第 1 部分:总则》、GB/T 1040.2—2022《塑料拉伸性能的测定 第 2 部分:模塑和挤塑塑料的试验条件》、GB/T 528—2009《硫化橡胶或热塑性橡胶拉伸应力应变性能的测定》等。测试设备为电子万能试验机,如图 4 - 4 所示。

　　弹性体和橡胶的测试试样一般为哑铃型标准试样。标准 GB/T 528—2009 提供了七种类型的试样,即 1 型、2 型、3 型、4 型和 IA 型哑铃状试样,以及 A 型(标准型)和 B 型(小型)环状试样。值得指出的是,材料一定的前提下,测试结果可能因试样类型的不同而有一定的差异,因而对于不同材料力学性能的对比需要使用相同类型的试样。由于试样类型多样,本书只介绍最为常用的试样形状和尺寸,读者可以到相关标准中查询更全面的信息。

　　哑铃状试样的形状如图 4 - 5 所示,其中试验长度是指测试结果尤其是断裂伸长率的计算时取样的长度。对弹性体和橡胶各类常见试样的尺寸规定如表 4 - 2 所示。

图 4 - 4　电子万能试验机

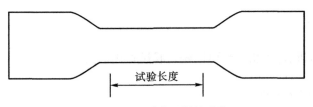

图 4-5　哑铃状试样的形状

表 4-2　哑铃状试样的试验长度和标准厚度对照表

单位：mm

试样类型	1 型	2 型	3 型	4 型
试验长度	25.0±0.5	20.0±0.5	10.0±0.5	10.0±0.5
标准厚度	2.0±0.2	2.0±0.2	2.0±0.2	1.0±0.1

试样可以通过裁刀进行裁剪，裁刀形状如图 4-6 所示。其中，A~F 尺寸如表 4-3 所示。

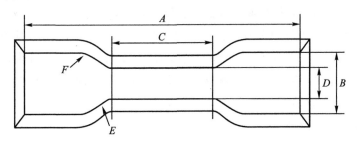

图 4-6　裁刀形状

表 4-3　哑铃状试样用裁刀尺寸

单位：mm

裁刀尺寸	1 型	2 型	3 型	4 型
A 总长度（最小）	115	75	50	35
B 端部宽度	25.0±1.0	12.5±1.0	8.5±0.5	6.0±0.5
C 狭窄部分长度	33.0±2.0	25.0±1.0	16.0±1.0	12.0±0.5
D 狭窄部分宽度	6.0±0.4	4.0±0.1	4.0±0.1	2.0±0.1
E 外侧过渡边半径	14.0±1.0	8.0±0.5	7.5±0.5	3.0±0.1
F 内侧过渡边半径	25.0±2.0	12.5±1.0	10.0±0.5	3.0±0.1

三、实验设备

电子拉力机、冲片机、厚度计、哑铃状试样用裁刀。

四、实验内容和步骤

(1)打开电子拉力机电源,预热 15～20 min。

(2)控制试样的厚度大约为 2.0 mm,按 GB/T 528—2009 规定裁制试样,做好标距,用厚度计测量真实厚度,测量试样中间平行部分的厚度,精确至 0.1 mm,至少测量不同位置的三个点,取测量值的中位数作为试样的厚度值。试样类型应按规定选取。每组试样至少取五个。试样表面应平整,无气泡、分层、明显杂质和加工损伤等缺陷。

(3)橡胶试样的测试。选定实验速度,实验速度应按规定选取,1 型和 2 型试样拉伸速度为(500±50)mm/min。将哑铃状试样均匀地夹在上、下夹持器上,使拉力均匀分布到横截面上。把引伸计安装在标距的上、下线位置。开动实验机,测试并记录。若试样断裂在试验长度之外时,此试样作废,另取试样补做。

(4)按实验施加的负荷及试样尺寸计算出相应的应力值,并对应变作图,得到应力-应变曲线。根据记录结果绘制应力-应变曲线,计算拉伸强度、定伸应力、扯断伸长率。拉断 3 min 后测量永久变形,处理数据时取不同实验项目数据的中位数作为实验结果。

(5)计算方法及公式。

①拉伸强度 TS 计算如下:

$$TS = \frac{F_m}{Wt} \tag{4-6}$$

式中,TS 为拉伸强度,MPa;F_m 为记录的最大力,N;W 和 t 分别为试样试验部分的宽度和厚度,mm(1 型试样 $W=6$ mm)。

②定伸应力 S_e 计算如下:

$$S_e = \frac{F_e}{Wt} \tag{4-7}$$

式中,F_e 为给定应变下记录的力,N。

③断裂伸长率 E_b 计算如下:

$$E_b = \frac{l_b - l_0}{l_0} \times 100\% \tag{4-8}$$

式中, l_0 为试样的试验长度, mm; l_b 为试样断裂时的试验长度, mm。

④永久伸长率 S_b 计算如下:

$$S_b = \frac{l_t - l_0}{l_0} \times 100\% \tag{4-9}$$

式中, S_b 为永久伸长率, %; l_t 为试样断裂后放置 3 min 后接起来的试验长度, mm。

五、实验报告要求

实验报告包括:实验题目、实验目的、实验原理(自己的理解)、实验步骤、实验记录、数据处理、结果和讨论、分析与思考。

(1)根据理论知识分析和解释实验现象;

(2)独立完成实验报告。

六、思考题

(1)影响拉伸强度的因素有哪些? 它们是如何产生影响的?

(2)举例说明由应力-应变曲线如何判断材料的性能?

实验十四　聚氨酯弹性体的制备与力学性能表征

弹性体是指玻璃化温度低于室温、断裂伸长率大于 50%、外力作用消失后回复性比较好的高分子材料。由于高黏弹性、高断裂伸长率、低杨氏模量的特点,弹性体在建筑、医学、电子、汽车等众多领域都获得了广泛的应用。

力学性能是判断弹性体优劣最重要的标准之一。弹性体中具有相互缠绕的柔性长链,并且聚合物链本身或链段之间可形成多种分子间作用力,在外力拉伸作用下,聚合物网络中相互缠绕的高聚物链、基团间较弱的可逆相互作用被打开,耗散一部分能量,赋予弹性体良好的弹性和韧性。

一、实验目的

(1)掌握聚氨酯弹性体的制备工艺;

(2)掌握调节软段、硬段结构的比例对聚氨酯弹性体性能进行调控的方法;

(3)掌握拉伸实验的基本操作,测定聚氨酯弹性体的应力-应变曲线。

二、实验原理

根据是否可塑化弹性体可以分为热固性弹性体和热塑性弹性体两大类。热固性弹性体就是传统意义上的橡胶,热塑性弹性体则是一种在常温下显示橡胶弹性、高温下可塑化成型的高分子材料。

聚氨酯弹性体(polyurethane elastomer,PUE)是弹性体中重要的一大类,其原料品种很多,可以调节原料的品种及配比从而合成出不同性能特点的制品,使聚氨酯弹性体大量应用于国民经济、军事等领域。

1. 聚氨酯弹性体的制备

聚氨酯的典型特点是聚合物主链中含有氨基甲酸酯基团,该基团一般通过多异氰酸酯的异氰酸酯基和聚合物多元醇的羟基经由加成反应而生成,如图4-7所示。为了提高聚氨酯的聚合度,一般会进一步加入扩链剂,扩链剂通常是小分子醇或胺。

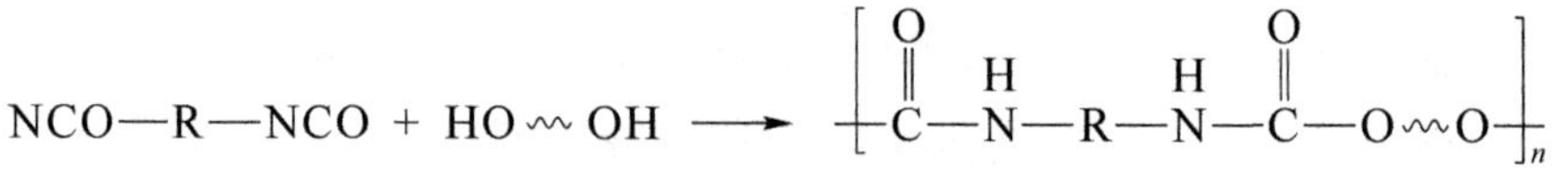

$$NCO—R—NCO + HO \sim OH \longrightarrow \begin{bmatrix} \overset{O}{\overset{\|}{C}}-\overset{H}{\underset{}{N}}-R-\overset{H}{\underset{}{N}}-\overset{O}{\overset{\|}{C}}-O \sim O \end{bmatrix}_n$$

图4-7 聚氨酯的合成反应原理

聚氨酯的制备可以通过本体聚合或溶液聚合方法进行。本体聚合按反应步骤又可分为一步法和预聚体法。一步法是将二异氰酸酯、低聚物多元醇、扩链剂和催化剂等一次性混合,随后浇入模具中加热固化,待尺寸稳定后进行后硫化。一步法工艺简单,操作方便,但其反应热难以排除,易产生副反应。预聚体法是先将低聚物多元醇和二异氰酸酯反应,生成端基为—NCO基团的预聚体,然后再向其中加入扩链剂进行反应,随后注入模具中固化得到样品。预聚体法在制作中的工艺过程较复杂,耗能高,制成的预聚体黏度大,增加了工艺操作的难度。但预聚体副反应少,制成的产品性能优于一步法。

2. 聚氨酯弹性体的结构

聚氨酯弹性体的力学性能与聚氨酯弹性体的结构密切相关,其结构受到软段和硬段的种类、基团相互作用等因素的影响。

(1)聚氨酯弹性体的微相分离结构。聚氨酯分子主链中含有醚、酯或脲基等诸多极性基团,这些极性基团使得聚氨酯分子内及分子间可形成大量氢键。其中,氨基甲酸酯基团由于具有刚性结构,而来自于多元醇的聚醚或聚酯链段则是柔性结构,二者由于热力学不相容而进行微相分离,形成硬段和软段微区,如图4-8所示。在常温下,硬段处于玻璃态或结晶态,可作为物理交联点,软段处于高弹态,调节软、硬段的比例可以制备出性能不同的弹性体。

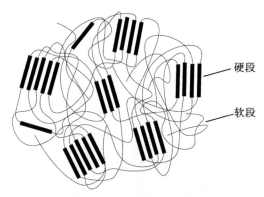

硬段

软段

图 4-8　聚氨酯弹性体硬段和软段示意图

(2)聚氨酯弹性体的氢键相互作用。含电负性较强的氮原子、氧原子的基团与含氢原子的基团之间存在氢键相互作用。在聚氨酯弹性体中,硬段的氨基甲酸酯和脲基的极性较强,所以氢键作用大多存在于硬段之间,这些氢键相互作用会促进硬段的取向和有序排列,有利于微相分离;而硬段和软段之间的氢键相互作用会使硬段混杂于软段之中,影响微相分离。氢键的存在对聚氨酯弹性体的聚集态结构和力学性能产生了深远的影响。

(3)交联。聚氨酯弹性体中也可能存在化学交联。化学交联通常发生在硬段之间,适度的化学交联可以提高聚氨酯弹性体的硬度、软化温度和弹性模量,提升弹性体的耐溶剂性能,降低永久形变。此外,不同的交联结构对聚氨酯弹性体的性能影响也很大。在聚氨酯弹性体中,主要有两大类化学交联作用:一是利用三官能团的扩链剂形成交联结构;二是过量的异氰酸酯与脲基发生反应生成缩二脲,或者与氨基甲酸酯基反应生成脲基甲酸酯基。

3. 聚氨酯弹性体的力学性能

聚氨酯弹性体的力学性能与其内部结构密切相关,如软段和硬段的种类、分子量、硬段的结晶度等。聚氨酯弹性体的拉伸强度一般是天然橡胶和合成橡胶的2~3倍;断裂伸长率随硬度的增加而减小,但仍然较高;撕裂强度比一般橡胶要高;聚氨酯弹性体的耐磨性显著高于传统橡胶和塑料材料，是一类常见的耐磨材料。

三、主要仪器与试剂

1. 仪器

油浴锅、机械搅拌器、电子天平、三口烧瓶、恒压滴液漏斗、烧杯、温度计、电子万能试验机、硫化机（图 4-9）、厚度计、哑铃状试样用裁刀。

图 4-9　硫化机

2. 试剂

聚四氢呋喃醚二醇（PTMG，相对分子量为 2000 g/mol）、二苯基甲烷-4,4′-二异氰酸酯（MDI）、二甲硫基甲苯二胺（DMTDA）、二月硅酸二丁基锡。

四、实验内容和步骤

（1）根据图 4-10 搭建反应装置，其中右侧接口连接至双排管，双排管连接惰性气体和真空泵。称量 31.0 g PTMG 于三口烧瓶中，同时加入 1 滴二月硅酸二丁基锡，称量 10 g MDI 加入到恒压漏斗中。

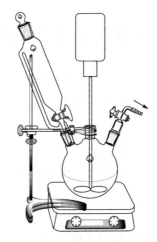

图 4-10　聚氨酯制备装置示意图

（2）将油浴锅升至 80 ℃，打开机械搅拌器，打开真空泵，真空脱水 1～2 h，随后向瓶中充入氮气。

（3）将油浴锅温度降至 50 ℃，缓慢加入恒压漏斗中的 MDI，随后缓慢升温至 80 ℃，机械搅拌反应 2～3 h 后得到预聚体，降低温度至 50 ℃。

（3）取 10 g 预聚体加入到烧杯中，同时加入 1.18 g 扩链剂 DMTDA，快速搅拌使二者混合均匀。将混合液浇筑到预热的模具中，在硫化机中加压硫化 1 h，硫化温度 70 ℃；脱模后在 100 ℃烘箱内继续硫化 1 h。室温放置一周后制样进行力学性能测试。

五、实验报告要求

实验报告包括：实验题目、实验目的、实验原理（自己的理解）、实验步骤、实验记录、数据处理、结果和讨论、分析与思考。

（1）根据理论知识分析和解释实验现象；

（2）独立完成实验报告。

六、思考题

（1）在制备过程中掺杂较多的水会对实验产生什么影响？

（2）由应力-应变曲线如何判断聚氨酯弹性体的性能？

（3）影响聚氨酯弹性体力学性能的因素有哪些？它们是如何产生影响的？

实验十五 挤出吹塑法制备高分子薄膜

近年来,随着石油工业和科技的发展,高分子膜的应用领域不断扩大,由最初的包装膜发展到了各类功能高分子膜,如离子交换膜、微孔过滤膜、超滤膜、液晶膜等。在气体分离、海水淡化、超纯水制备、污废处理、人工脏器的制造、医药、食品、农业、化工等方面都有广泛的应用。2023 年,薄膜产品营收在主要塑料制品中占比达到了 23%,充分说明了该类材料应用之广泛。

一、实验目的

(1)了解挤出机、吹膜机的结构和工作原理;

(2)掌握挤出吹塑薄膜工艺操作过程、工艺参数调节及薄膜成型的影响因素。

二、实验原理

1. 薄膜成型方法简介

塑料薄膜是一类重要的高分子材料制品。由于它具有质轻、透明、易加工、价格低廉等优点而得到了广泛的应用。根据高分子材料的特性和薄膜的结构需求,塑料薄膜的制备方法主要有流延、压延、涂布和吹塑等。

压延成型是通过挤压和延展作用将热塑性熔体制备成具有一定厚度和宽度的薄片状制品(如薄膜和片材)的方法。具体而言,将熔融塑化的热塑性塑料通过一系列平行相向旋转辊筒的间隙,使熔体受到辊筒的挤压而延展、拉伸成为连续片状制品,最后经自然冷却成型。压延法主要用于非晶型高分子材料的加工,具有设备复杂、投资大、生产效率高、产量高、薄膜的均匀性好等特点。

流延成型是指高分子材料经挤出机熔融塑化后经过狭缝机头模口挤出,并使熔料紧贴在冷却辊筒上,随后经过拉伸、切边、卷取等工序制成片材或薄膜。流涎法适合结晶和非晶高分子材料的成型,并且具有工艺简单、薄膜透明度好、各向同性、性能均一等优点。流延成型也是制备双向拉伸聚丙烯(BOPP)的前端成型工艺。

涂布法是将聚合物熔体、溶液或悬浮液等涂布于纸、布、塑料薄膜上制得复合薄膜的方法。涂布技术是制备可印刷薄膜的主要方法。

吹塑,也称中空吹塑,是指向软化的热塑性型坯中充气,并使材料变薄成型的方法。吹塑法不仅可以用于制备薄膜,也是制备中空制品,如饮料瓶、日化用品等各种包装容器的主要方法。吹塑法适用于结晶和非晶型高分子材料的成型,该工艺设备简单且经济环保,是目前应用最广泛的材料成型方法之一。

2. 吹塑法介绍

在吹塑法制备薄膜的工艺中,首先通过挤出机将塑料挤成薄管,然后趁热用压缩空气将塑料吹胀,再经冷却定型后而得到筒状薄膜制品。吹塑成型的薄膜厚度一般为 $0.01 \sim 0.30$ mm;其展开宽度可从几十毫米到几十米,具有极大的可调性。吹塑成型过程中薄膜在纵向和横向方面都得到了一定程度的拉伸取向,因此制品的力学性能较好。

可用于吹塑薄膜的原料主要有聚乙烯(PE)、聚氯乙烯(PVC)、聚偏二氯乙烯(PDVC)、聚丙烯(PP)、聚苯乙烯(PS)、尼龙(PA)、乙烯-醋酸乙烯共聚物(EVA)等高分子材料。本实验将采用具有优异生物相容性的 EVA 作为原料进行成膜实验。

作为吹塑成膜的原料需要具有合适的熔体流动性,可通过熔融指数(melt index,MI)进行规定。熔融指数是指在一定条件下,材料在规定时间内通过标准口模的质量。熔融指数越高的材料其流动性越好,反之则流动性越差。熔融指数的测量一般在 (190 ± 2)℃这个温度下进行。具体而言,将熔体倒入测定仪的圆桶中,然后以重量为 (2160 ± 10) g 的冲头压下,计量在 10 min 内胶液被挤出圆桶底部小孔的克数,即为熔融指数。

对于成膜需求,高分子的 MI 一般应为 $1 \sim 10$ g/10 min(190 ℃、2.16 kg),MI 太大,则熔融树脂的黏度太小,树脂的成膜性差;而 MI 太小,材料不易进行挤出成型。

吹塑薄膜的性能不仅和聚合物的结构相关,同时也受到工艺参数的显著影响。因此在吹膜过程中,必须要加强对工艺参数的控制,规范工艺操作,以获得高质量的薄膜产品。以下几项工艺参数对薄膜的性能具有重要的影响。

(1)挤出机温度。吹塑 EVA 薄膜时,挤出温度一般控制为 160 ℃～180 ℃,且必须保证机头温度均匀。挤出温度过高则树脂容易分解,导致薄膜发脆、强度下降;温度过低则导致 EVA 塑化不良,薄膜的拉伸强度较低,且薄膜均匀性和透明度差。

(2)吹胀比。吹胀比是指吹胀后膜泡的直径与未吹胀的塑管直径之间的比值。吹胀比为薄膜的横向膨胀倍数,实际上是对薄膜的横向拉伸,因此吹胀比增大,薄膜的横向取向显著,强度提高。然而,吹胀比太大可能会导致膜泡不稳定,并出现薄膜皱折。

(3)牵引比。牵引比是指薄膜的牵引速度与塑管挤出速度之间的比值。牵引比是纵向的拉伸倍数,使高分子链在纵向具有取向作用。牵引比增大则薄膜的厚度变薄,且纵向强度提高,然而牵引比过大,可能会将薄膜拉断。

3. 挤出吹膜机介绍

吹膜机一般需要与挤出机联用,即通过挤出机制备管材,随后在高温条件下进行吹膜。挤出吹膜机主要包括以下部件:挤出机、气泵、牵引辊和收卷辊,如图4-11所示。

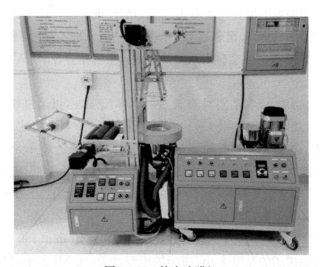

图4-11 挤出吹膜机

4. EVA 简介

EVA 是乙烯-醋酸乙烯酯共聚物的英文简称,它的全称为 ethylene - vinyl acetate copolymer,是一类通用高分子聚合物,并且具有优异的耐水性、耐腐蚀性和生物相容性,被广泛用作生物材料。EVA 的分子式是 $(C_2H_4)_x(C_4H_6O_2)_y$,结构式如图4-12所示,其中 x 和 y 定义了聚合物中乙烯和醋酸乙烯酯的聚合度。EVA 的理化性能和应用领域主要取决于材料的醋酸乙烯酯含量(质量百分比),也称 VA 含量。其中,VA 含量在5%~40%的,一般称为 EVA 树脂,可以作为塑料使用。用于生产 EVA 薄膜的 VA 含量一般在 10% 左右。EVA 薄膜具有较高的耐候性、透光性、保温性和生物相容性,在生物医学领域应用广泛。

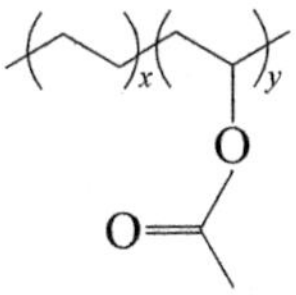

图 4-12　EVA 的化学结构式

三、主要仪器与试剂

1. 仪器

挤出吹膜机。

2. 试剂

EVA 树脂(VA 含量 12%)。

四、实验内容和步骤

(1)依次打开电源开关、挤出机控制开关、挤出机料筒温控开关、吹膜辅机控制开关、连接器区温控开关和机头区温控开关。

(2)将挤出机料筒三区温度分别设定为 165 ℃、178 ℃ 和 180 ℃,连接器区和机头区温度分别设定为 180 ℃ 和 182 ℃。待温度达到设定温度后,预热 20 min。

(3)预热完成后,向挤出机料筒中加入 EVA 树脂颗粒约 500 g。在挤出机数字控制面板上开启挤出机螺杆开关(绿色按钮),并通过主机升降速按钮设定螺杆转速至 25。

(4)在吹膜辅机控制区设定牵引速率和收卷速率为 120 左右,并保证牵引速率略低于收卷速率,以使牵引辊和收卷辊之间的薄膜处于绷紧状态。

(5)待机头区出现环状 EVA 树脂,手动(需注意高温防护!)牵引管状树脂依次通过牵引辊和收卷辊。

(6)开启充气泵和充气泵连接开关,通过风环向管状 EVA 内部吹起。待 EVA 管膨胀至适当尺寸即可关闭充气泵连接开关,停止充气。

(7)通过调节螺杆转速、充气量、牵引(收卷)速率等参数可以对薄膜的宽度、厚度和拉伸比进行调控。待薄膜参数达到要求时即可在收卷区剪除前端废品，并进行收卷。

五、实验报告要求

实验报告包括：实验题目、实验目的、实验原理（自己的理解）、实验步骤、实验记录、数据处理、结果和讨论、分析与思考。

（1）根据理论知识分析和解释实验现象；

（2）独立完成实验报告。

六、思考题

（1）薄膜的横向和纵向拉伸比分别如何进行调控？

（2）吹膜机生产的薄膜和高压硫化机生产的薄膜在力学性能上有什么区别？

拓展阅读四

微塑料的前世今生

微塑料由于对环境污染和人类健康都具有深远的影响，近年来受到了社会各界的广泛关注。"微塑料"一词是英国普利茅斯大学海洋生物学家理查德·汤普森（Richard Thompson）教授在 2004 年首次提出。根据美国国家海洋和大气管理局以及欧洲化学品管理局的定义，微塑料指长度小于 5 mm 的塑料碎片，它们通过化妆品、服装、食品包装和工业过程等各种来源进入自然生态系统。

通过对各类水域中存在的微塑料结合化学污染物的相互作用进行评估，科学家发现自然界中 80% 以上的微塑料污染源自纺织品、轮胎和城市灰尘。据估计，车轮胎磨损对最终进入海洋的全球塑料总量的相对贡献为 5%～10%，而空气 3%～7% 的细颗粒物（PM 2.5）来自于轮胎磨损。洗衣机在衣物清洗过程中也会释放大量微塑料，平均每件衣物可能会脱落超过 1900 根微塑料纤维，并且抓绒织物释放的纤维比其他衣物多出至少 170 %。在化妆品行业，聚合物微粒经常作为洗面奶、洗手液等护理产品的添加剂，根据欧洲化学品管理局和联合国环境规划署等机构的相关报告，在化妆品和个人护理产品中使用了 500 多种微塑料成分。

微塑料目前已经遍布全球。除了媒体经常谈论的海洋微塑料,在淡水体系中也发现了大量微塑料,如美国五大湖中微塑料颗粒的平均浓度为 43000 个/km²,加拿大温尼伯湖中平均微塑料颗粒的浓度为 193420 个/km²;2009 年人们首次在南极洲海冰中发现了塑料,其中一块冰芯中发现了来自 14 种不同聚合物的 96 个微塑料颗粒。另外,在空气中、土壤中发现微塑料颗粒的报道也广泛见于媒体中。

微塑料还会从环境中以各种途径进入人体,如通过呼吸吸入空气中的微粒、通过饮用水摄入水中的微粒,被鱼类和甲壳类动物吃下的微塑料也可能通过食物链进入人体并富集。然而,上述途径所涉及进入人体微塑料的数量尚不明确,并且微塑料在人体内的吸收和降解情况也不清晰。可以看出,无论我们是否愿意,未来都需要长期与微塑料共处了。

微塑料对人类健康的潜在风险也是需要研究的课题。然而,由于人体暴露于污染物后需要较长时间才显现出相关健康效应,所以当下研究也难以开展。研究发现,微塑料污染与呼吸道疾病和炎症等多种疾病存在关联,但是尚不清楚二者是否存在因果效应。另外,有报道显示微塑料污染物有可能充当抗生素耐药基因和细菌的载体,从而加大细菌对人体的危害。

随着人们对微塑料对环境的有害影响日益增加的认识,各个组织现在正在倡导从各种产品中移除和禁止微塑料。联合国教科文组织赞助了大量的研究和对全球微塑料影响的评估。世界各国也纷纷出台政策以应对微塑料的污染。

美国在 2015 年由奥巴马总统签署了《无微珠水法案》,禁止了具有去角质功能的部分化妆品,比如牙膏或洗面奶,然而该法案不适用于其他产品,如家用清洁剂。伊利诺伊州也在州层面提出了禁止含有微塑料的化妆品。2020 年 6 月 16 日,加利福尼亚州颁布了"饮用水中微塑料"的定义,为研究其污染和人体健康影响建立了基础。

微塑料对全球生态环境和人类健康的危害向人类敲响了警钟。在科技和经济高速发展的当代,如何实现可持续发展,降低甚至避免科技发展带来的负面效应是科技发展的一个重要话题。

第 5 章　综合拓展实验

实验十六　苯乙烯的原子转移自由基聚合

高分子化学发展过程中,科学家为了获得分子量可控的聚合物发展出了活性聚合(living polymerization)方法,如非极性单体在非极性体系中进行的阴离子聚合一般为活性聚合。活性聚合能够控制聚合物的分子量、分子量分布以及端基化学结构等近程结构,并且可以通过投料的控制制备具有嵌段、梳状等拓扑结构的聚合物。自从迈克尔·施瓦茨(Michael Szwarc)于 1956 年确立活性聚合和活性聚合物的基本概念以来,活性聚合发展非常迅速,目前是高分子化学中相当活跃的一个研究领域。

然而,活性聚合的实施条件非常严苛,一般需要在无水无氧条件下进行,并且所用单体和溶剂也不能含有活泼氢等具有较强反应性的基团。20 世纪末,高分子化学家通过对自由基聚合的控制发展出了可控自由基聚合(controlled radical polymerization,CRP),如原子转移自由基聚合(atom transfer radical polymerization,ATRP)、可逆加成-断裂链转移聚合(reversible addition‐fragmentation chain transfer polymerization,RAFT)等,一方面可以对聚合物进程结构进行控制,另一方面反应条件较为简单,只需除去体系氧气即可,近年来甚至开发出了不用除去氧气的可控自由基聚合反应体系。CRP 的发展为功能高分子的发展提供了巨大的支持。

一、实验目的

(1)了解可控自由基聚合的基本概念;

(2)掌握原子转移自由基聚合的基本原理及实施方法;

(3)了解通过可控自由基聚合设计拓扑聚合物的原理;

(4)了解凝胶渗透色谱法的基本原理,并学会分析数据。

二、实验原理

1. 可控自由基聚合的特点

可控自由基聚合与活性聚合具有很多相似之处,一般而言具有如下特点:

(1)产物平均聚合度(X_n)或数均分子量(M_n)决定于单体和引发剂的投料比,或者浓度比:

平均聚合度
$$X_n = \frac{[M]}{[I]} \times C \tag{5-1}$$

数均分子量
$$M_n = \frac{[M]}{[I]} \times C \times M_m \tag{5-2}$$

式中,[M]和[I]分别为单体和引发剂的初始浓度,C 为单体转化率,M_m 为单体分子量。

(2)聚合物具有活性末端,可以再次引发单体的聚合。当单体转化率达到100%后,向聚合体系中第二次加入单体,可控聚合可以继续进行;若第二次加入的单体与第一次加入的单体结构不同,则可以形成嵌段共聚物。然而,多数情况下,可控自由基聚合在高转化率时会发生大量副反应,因此为了制备嵌段共聚物需要提前结束第一段聚合并纯化产物,随后以聚合物为大分子引发剂继续第二嵌段的聚合。

(3)聚合反应为一级反应。其聚合速率可表示为
$$-\frac{d[M]}{dt} = k_p[P \cdot][M] \tag{5-3}$$

对上式变形可得:
$$-\frac{d[M]}{[M]} = k_p[P \cdot]dt \tag{5-4}$$

假设反应过程中自由基浓度[P·]保持恒定,对上式两边积分可得:
$$\ln \frac{[M]_0}{[M]} = k_p[P \cdot]t \tag{5-5}$$

因此,由 $\ln \frac{[M]_0}{[M]}$ 对 t 作图可得到一条直线。该线形关系经常作为可控自由基聚合是否成功的判定依据。

(4)聚合物的分子量分布较窄,聚合物分散性指数(polymer dispersity index, PDD)可达到 1.20 以下。

2. 原子转移自由基聚合

传统的自由基聚合一般由链引发、链增长、链转移、链终止等基元反应组成。其链增长速率极高,在0.01秒至几秒钟内就可以使聚合度达到数千甚至上万。由于自由基的活性太高,大量存在的自由基很容易发生不同形式的链转移和链终止反应,使得自由基聚合过程难以控制,其结果常常导致聚合物的分子量分布较宽,分子量以及分子结构难以控制。

为了对自由基聚合进行控制,科学家提出通过钝化聚合体系中多数的自由基使其暂时进入休眠状态,而只有微量自由基处于活性状态。此时,体系中的自由基包含微量活性种和大量休眠种,并且两者处于化学平衡,可以互相快速转化。根据钝化体系所用化学反应的不同,科学家在20世纪末开发出了多种可控自由基聚合机理,如氮氧自由基调控聚合(nitroxide mediated polymerization,NMP)、可逆加成-断裂链转移 RAFT 聚合、以及原子转移自由基聚合(ATRP)等。

ATRP 是1995年首先由克日什托夫·马蒂亚谢夫斯基(Krzysztof Maty-jaszewski)课题组和泽本光男(Mitsuo Sawamoto)课题组几乎同时分别报道的一种可控自由基聚合技术。ATRP 中自由基聚合按照原子转移自由基加成反应的叠加机理实现大分子链的控制增长。

典型的 ATRP 是以有机卤化物为引发剂、过渡金属卤化物为催化剂、胺类化合物为配体,在适当温度下发生的乙烯类单体聚合。采用该技术可以合成高达数百甚至上千聚合度且分子量分布很窄的聚合物,且聚合物的分子量和端基可进行按需设计。

ATRP 的基元反应主要包括如下步骤:

（1）链引发

$$R-X + M_t^n/L \rightleftharpoons R^* + X-M_t^{n+1}/L$$

$$\downarrow M$$

$$RM-X + M_t^n/L \rightleftharpoons RM^* + X-M_t^{n+1}/L$$

（2）链增长

$$P_n-X + M_t^n/L \underset{k_{deact}}{\overset{k_{act}}{\rightleftharpoons}} P_n^* + X-M_t^{n+1}/L \quad (k_p)$$

（3）链终止

$$P_n^* + P_m^* \longrightarrow P_{m+n}$$

其中，R-X 为引发剂，X 可以为 Br 或 Cl，常见结构如图 5-1 所示；M_t 代表过渡金属，一般为 Cu、Fe 等，n 代表其化合价；L 代表胺类或吡啶类配体，可以和金属离子形成络合物，从而提高其溶解性和催化活性，常见配体如图 5-2 所示。

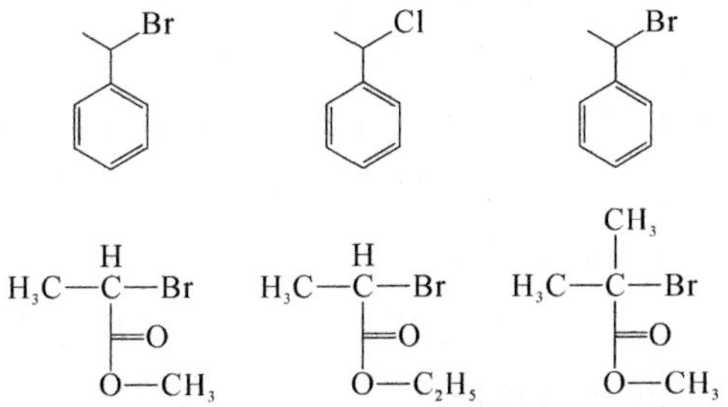

图 5-1　常见 ATRP 引发剂结构

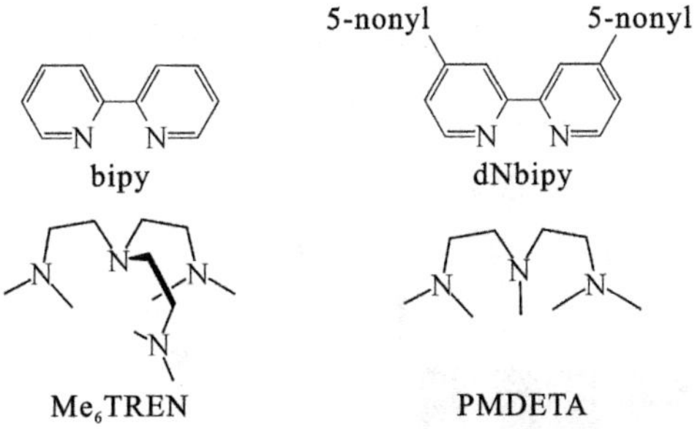

图 5-2　常见 ATRP 配体结构

需要指出的是，虽然在 ATRP 中活性自由基浓度极大地降低了，但是链转移和链终止反应依然存在（只是被极大地抑制了）。在单体浓度较低时，如聚合反应后期，链终止反应会变得更为重要，从而导致聚合反应的失控，形成宽分子量分布的产物。基于上述原因，虽然在提出后很长时间内以 ATRP 为代表的 CRP 被称为活性自由基聚合，但是该反应并不完全满足活性聚合的要求，因此近年来被改称为可控自由基聚合。

3. 凝胶渗透色谱

凝胶渗透色谱（gel permeation chromatography，GPC）是利用高分子溶液通过填充有特种凝胶的多孔柱子把聚合物分子按尺寸大小进行分离的方法。

GPC 是一类特殊的液相色谱,能用于测定聚合物的分子量及分子量分布,也能用于测定聚合物内小分子物质、聚合物支化度及共聚物组成等。GPC 技术有时也被作为聚合物的分离和分级手段。

　　GPC(图 5-3)的工作原理有各种说法,比较流行的是体积排除理论,因此 GPC 技术又被赋予另一个名字——体积排除色谱(size exclusion chromatography,SEC)。GPC 法分离聚合物与沉淀分级法或溶解分级法不同。聚合物分子在溶液中依据其分子链的柔性及聚合物分子与溶剂的相互作用,可取无规线团、棒状或球体等各种构象,其尺寸大小与其分子量大小有关。GPC 就是利用不同尺寸的聚合物分子在多孔填料中流出时间的不同而进行分离分级。

　　在 GPC 分离的核心部件色谱柱内装有多孔性填料(称为凝胶或多孔微球),其孔径大小有一定的分布,并与待分离的聚合物分子尺寸相当。当被分析的样品随着淋洗溶剂(流动相)进入色谱柱后,体积很大的分子不能渗透到凝胶孔穴中而受到排阻,最先流出色谱柱;中等体积的分子可以渗透到凝胶的一些大孔而不能进入小孔,产生部分渗透作用,它比体积大的分子流出色谱柱的时间稍推后;体积较小的分子能全部渗入凝胶内部的孔穴中,最后流出色谱柱。因此,聚合物淋出体积与其分子量有关,分子量越大,淋出体积越小。

图 5-3　安捷伦 Agilent 1260 系列凝胶渗透色谱仪

　　值得指出的是,GPC 的功能只是对聚合物按体积大小进行分级,并不能直接测试其分子量大小。因此,该设备还需要配备分子量测试的设备,如激光光散射检测器、黏度检测器等。上述检测器可以分别检测不同淋出时间样品的绝对分子量和黏均分子量,并通过计算获得分子量及其分布信息。

　　基于示差折光检测器和标准物质标定也可以获得聚合物样品的分子量信息,目前被广泛应用于 GPC 系统。示差检测器是检测样品流路与参比流路间液体折光指数差值的检测器,通过该差值获得流路样品的浓度信息,并生成浓度随淋出时间的曲线。为了获得不同淋出时间聚合物样品的分子量信息,可以用分子量已知的系列标准样品做出分子量-淋出时间标准曲线,将二者进行关联,最后根据检测器的浓度信息计算其数均、重均分子量和分子量分布指数。需要指出的是,由于每种聚合物在溶剂中的线团尺寸对分子量的依赖性不同,标准聚合物标定的分子量只能称为相对分子量。

三、主要仪器与试剂

1. 仪器

单口烧瓶、磁力搅拌器、烘箱、分析天平、注射器针头、聚四氟乙烯过滤头、凝胶渗透色谱仪。

2. 试剂

苯乙烯、2,2′-联二吡啶、α-溴代丙酸乙酯、甲醇、四氢呋喃、氯化亚铜(CuCl)等。

四、实验步骤

　　(1)催化剂氯化亚铜(CuCl)的提纯。将 1.0 g CuCl 粉末装入 50 mL 烧杯中,加入乙酸没过 CuCl 粉末。用保鲜膜封闭烧杯口在室温下搅拌 1 h。搅拌结束后,抽滤除去乙酸并向沉淀物中依次加入去离子水、无水乙醇和无水乙醚洗涤 3 次,在 45 ℃下减压干燥 10 h,得到了干燥纯净的 CuCl 粉末。将粉末用惰性气体封装,低温保存。

　　苯乙烯的纯化:在 500 mL 分液漏斗中装入 250 mL 苯乙烯,每次用约 50 mL 5% NaOH 水溶液洗涤数次,至无色后再用蒸馏水洗涤至水呈现中性。然后,加入适量的无水 Na_2SO_4,静置干燥。干燥后的苯乙烯进行减压蒸馏,产物放入冰箱中保存备用。

　　(2)取 100 mL 圆底烧瓶,放入搅拌磁子,加入 2,2′-联二吡啶(0.662 g,4.36 mmol)、引发剂 α-溴代丙酸乙酯(0.279 mL,0.394 g,2.18 mmol)、苯乙烯(50 mL,45.3 g,0.436 mol)。

(3)搅拌下,用氮气导入管导入氮气置换 30 min,除去体系中存在的氧气。然后在氮气气流下加入 CuCl(0.216 g,2.18 mmol)。搅拌 1 min 使 CuCl 分散均匀,将反应瓶置于预先恒温(110 ℃)的油浴中,开始反应。

(4)观察体系颜色和黏度的变化。在不同的反应时间(间隔 30 min)用注射器进行取样,每次取出约 2.5 mL 样品(注意:取样过程应加大氮气气流,完成后调低气流量),并分成 2 mL 和 0.5 mL 两部分。

2 mL 样品在烧杯中用 30 mL 甲醇沉淀聚合物(如果反应液黏度较高,经四氢呋喃稀释后再进行沉淀,同时增加沉淀剂用量)。用布氏漏斗过滤,甲醇洗涤,抽干,聚合物经干燥后称重,计算各反应时间单体的转化率。

0.5 mL 样品用自制氧化铝柱滤除铜盐,并用四氢呋喃冲洗柱子,得到无色溶液。用 50 mL 甲醇沉淀聚合物。取少量样品,溶解于 N,N-二甲基乙酰胺(50 mmol LiBr)中,通过 GPC 测试分子量及其分布。

(5)根据聚合物重量计算单体转化率,做出转化率随时间的变化曲线。在此基础上,进一步绘制 ATRP 聚合动力学曲线。

(6)根据凝胶渗透色谱仪的测定结果做出数均分子量以及分子量分布指数随单体转化率的变化曲线。

五、实验报告要求

实验报告包括:实验题目、实验目的、实验原理(自己的理解)、实验步骤、实验记录、数据处理、结果和讨论、分析与思考。

(1)根据理论知识分析和解释实验现象;

(2)计算转化率、分子量,独立完成实验报告。

六、思考题

(1)活性/可控聚合反应的特征是什么?

(2)试画出所得聚苯乙烯的结构式,包括端基。

实验十七　双酚 A 型环氧树脂的制备与力学性能表征

环氧树脂是指一个分子结构中至少含有两个环氧基的树脂基体。环氧基团本身较稳定,在没有催化剂存在下不会发生反应,因此一般不能单独直接使用。

在加入固化剂进行交联固化反应后,环氧树脂形成网状体型结构,此时才具有应用价值。环氧树脂经固化后有许多优异的性能,如黏接力强,耐腐蚀、耐溶剂、耐热,电绝缘性能好,尤其是固化收缩率极低,因此广泛用于胶黏剂、涂料、复合材料等领域。

一、实验目的

(1)了解环氧树脂及其制备过程;

(2)了解环氧树脂的力学性能。

二、实验原理

环氧树脂的种类很多,且仍在不断地增加。双酚 A 型环氧树脂是最为常用的树脂类型,其结构特点是含有双酚 A 基元。双酚 A 型环氧树脂的制备流程如图 5-4 所示,其主要过程是由双酚 A 和环氧氯丙烷在氢氧化钠催化下进行缩聚反应而合成。该聚合反应属于逐步聚合机理。首先在碱催化下,双酚 A 的羟基取代环氧氯丙烷的氯,形成二聚体或三聚体中间体,同时生成氯化氢小分子;随后,双酚 A 的羟基使中间体的环氧基引入端羟基,而后环氧氯丙烷的氯与羟端基反应,脱 HCl 形成环氧端基。如此不断进行链增长,形成两端均为环氧基的环氧树脂。

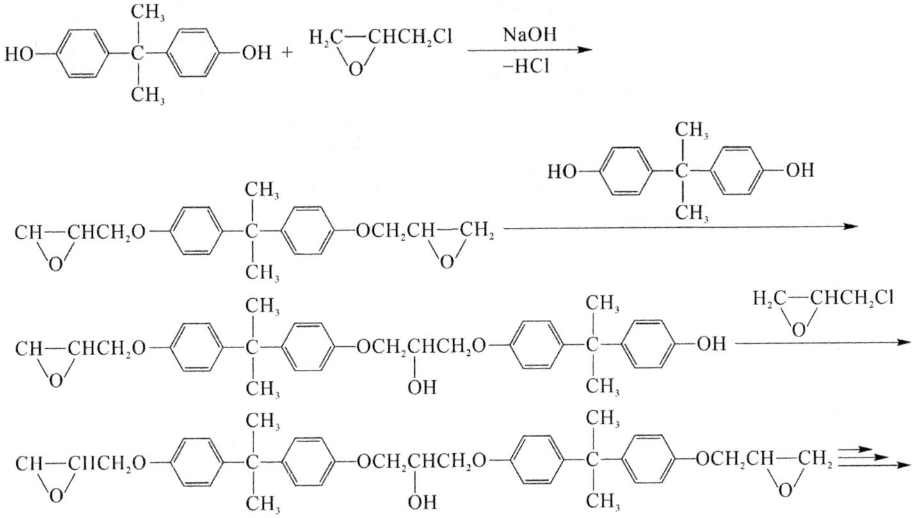

图 5-4　双酚 A 环氧树脂的制备

可以看出,环氧树脂的重要特征在于其端基具有环氧基,并且分子量越大其环氧官能团的含量越低。环氧树脂端基的含量可以通过环氧值来表示。环氧值定义为100 g环氧树脂中含有环氧基的物质的量(mol)。环氧值越大,聚合物的分子质量越小,黏度越低。例如:某牌号为E51的双酚A型环氧树脂,表示其环氧值为0.51 mol/100 g,其实际环氧值为0.48~0.54 mol/100 g,0.51是算术平均值。

从环氧树脂的结构式可以看出,环氧树脂含有大量极性基团,如环氧基、羟基、醚键等,因此对多种材料都有很强的黏接力。羟基有较高的极性,可以与相邻界面产生较强的分子间作用力;同时环氧基团则与介质表面,特别是在一定条件下与金属表面上的游离键反应形成化学键结合,因而环氧树脂表现出很高的黏接强度,商业上称其为"万能胶"。此外,环氧树脂还具有较高的强度,因此它也作为树脂基复合材料的基体,在航空航天等领域被广泛应用。

根据分子量的不同,环氧树脂会呈现液体和固体状态。液体环氧树脂一般分子量较小,环氧值较高,如E44、E51等。液体环氧树脂的制备可以通过一步法或两步法进行。其中一步法工艺如图5-5所示。具体而言,首先将双酚A和环氧氯丙烷在氢氧化钠存在下进行缩聚反应,生成目标产物;随后对产物混合物进行减压蒸馏并回收环氧氯丙烷;最后通过萃取法纯化环氧树脂产物。

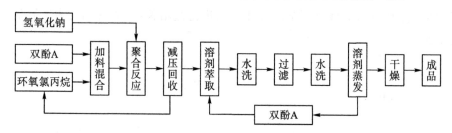

图5-5　双酚A型环氧树脂的合成工艺

环氧树脂本身一般分子量较低,机械性能也较差,因此在应用时需经交联和固化。其固化剂通过与环氧树脂分子中的环氧基或羟基进行反应,生成网状结构的不溶不熔热固性材料。固化剂种类主要包括胺类、酰胺类和酸酐类。

三、主要仪器与试剂

1. 仪器

水浴锅、机械搅拌器、电子拉力机、电子天平、三口烧瓶、冷凝管、量筒、烧杯、温度计、分液漏斗、旋转蒸发仪、单口烧瓶。

2. 试剂

双酚 A、环氧氯丙烷、氢氧化钠、甲苯、丙酮、聚酰胺 650、二氯甲烷。

四、实验步骤

(1)取 10.0 g 双酚 A、30 g 环氧氯丙烷加入到 250 mL 三口烧瓶中,在三口瓶上装好搅拌器、回流冷凝管和温度计(图 2 - 2)。搅拌并升温至 70~75 ℃,直至双酚 A 完全溶解形成均一溶液。

(2)降低温度至约 50 ℃,维持搅拌。称取 5 g 氢氧化钠,并平均分成 5 份。每隔 20 min 向反应容器内加入一份氢氧化钠固体。

(3)氢氧化钠加完后继续反应 60 min,然后停止反应。将产物过滤除去副产物,并减压蒸馏除去过量的环氧氯丙烷。

(4)产物中加入 200 mL 二氯甲烷溶解,并转移至分液漏斗中。向分液漏斗加入 50 mL 水并剧烈摇晃,通过水洗除去剩余杂质。分液漏斗静置分层后放出下层有机相,并通过旋转蒸发仪除去溶剂,获得环氧树脂产物。

(5)称取 10 g 环氧树脂、10 g 聚酰胺 650 固化剂,将二者混合并充分搅拌。随后将混合液倒入模具中制备测试模型,在 70 ℃下固化 3 h。

(6)通过红外光谱仪表征环氧树脂固化过程中特征峰的变化情况。

(7)通过电子拉力机测试样品的拉伸曲线。

五、实验报告要求

实验报告包括:实验题目、实验目的、实验原理(自己的理解)、实验步骤、实验记录、数据处理、结果和讨论、分析与思考。

(1)根据理论知识分析和解释实验现象;

(2)计算固化环氧树脂的强度和断裂伸长率,独立完成实验报告。

六、思考题

(1)实验中氢氧化钠是分步加入反应体系中的,这样做有什么好处? 为什么不将氢氧化钠一次加完?

(2)固化剂的使用量对环氧树脂的力学性能有什么影响?

实验十八　乙酸乙烯酯乳液聚合制备胶黏剂

　　胶黏剂是将两个界面通过化学或物理相互作用连接在一起的一类材料,也称黏接剂、黏合剂等,习惯上简称为胶。

　　胶黏剂的类型主要有天然高分子胶黏剂,如淀粉、动物皮胶、天然橡胶等;合成高分子胶黏剂,如环氧树脂、酚醛树脂、脲醛树脂、聚氨酯等热固性树脂和聚乙烯醇缩醛、聚氯乙烯树脂等热塑性树脂,丁腈橡胶等合成橡胶,硅酸盐、磷酸盐等无机化合物等。近年来,有机胶黏剂有了越来越广泛的应用,在生产生活及国民经济的各个行业都具有重要应用。

一、实验目的

　　(1)了解乳液聚合的特点、配方及各组分的作用;

　　(2)掌握乳液聚合的实验技术;

　　(3)了解胶黏剂的应用领域和表征方法。

二、实验原理

　　本实验为综合性实验,涉及烯类单体自由基聚合机理、乳液聚合、胶黏剂、力学性能表征等方面的专业知识。下面对乳液聚合进行简单介绍。

1. 乳液聚合简介

　　乳液聚合是指低水溶性单体借助搅拌以乳状液形式进行的聚合反应。乳液聚合具有以下几个特点:

　　(1)以水作分散介质安全廉价,散热和温度控制相对容易。

　　(2)可以同时达到较高的聚合反应速率和聚合度,且体系黏度较低,因此适合制备较高相对分子质量的聚合物。

　　(3)乳液聚合结束后得到聚合物乳液,可直接用作乳胶涂料和胶黏剂等的制备。

　　(4)由于聚合产物一般以微米或纳米粒子形式生成,乳液聚合目前也被用于制备聚合物微粒。

　　由于具有上述优势,乳液聚合受到了科学研究和工业生产的广泛关注。乳液聚合体系一般由水、乳化剂、单体和引发剂组成,如表 5 - 1 所示。

表 5-1　乳液聚合的基本配方

组分	水相			油相
	水	乳化剂(水溶性)	引发剂	单体
用量/份	100	0.5~2	0.5~2	20~80

实际乳液聚合的配方要比表 5-1 更复杂一些。并且,往往还需加入助分散剂、分子量调节剂、pH 缓冲剂等以保证乳液聚合顺利进行。

2. 乳化剂

乳化剂是一类分子中同时带亲水基团和亲油(疏水)基团的物质,如肥皂(硬脂酸钠)和洗衣粉(烷基磺酸钠)等。乳化过程是将不相溶的油水两相转化为热力学稳定的乳状液的过程。

乳化剂在水中的存在状态与其浓度密切相关。在水中加入适量乳化剂后,乳化剂在水中以分子分散和胶束两种形式存在。以分子分散形式溶解于水中的乳化剂多少取决于其在水中的溶解度,超过溶解度的乳化剂则以胶束形式稳定存在于水中。因此,将形成胶束的最低乳化剂浓度称为临界胶束浓度(critical micelle concentration,CMC)。每个胶束都是 50~100 个乳化剂分子按照亲油基向内、亲水基向外形成的小球状纳米颗粒,其直径一般低于 10 nm;随着乳化剂浓度的增加,胶束由球形转变成棒状,长度为 100~300 nm。

除了临界胶束浓度,亲水亲油平衡值(hydrophile-lipophile balance,HLB)和三相平衡点也是乳化剂重要的性能指标。HLB 反映乳化剂的亲水倾向或亲油倾向的相对大小。三相平衡点是指乳化剂在水中能够以分子分散、胶束和未完全溶解凝胶这 3 种状态稳定存在的最低温度。高于此温度时凝胶完全溶解成胶束,体系中只存在分子分散和胶束两种分散状态的乳化剂;低于此温度时凝胶析出,胶束浓度大大降低从而失去乳化作用。表 5-2 为各种表面活性剂的HLB 范围及用途,表 5-3 为常用乳化剂的临界胶束浓度与三相平衡点。

表 5-2　表面活性剂的 HLB 范围及用途

HLB 范围	3~6	7~9	8~18	13~15	15~18
用途类型	油包水 (W/O)型乳化剂	润湿剂	水包油 (O/W)型乳化剂	洗涤剂	增溶剂

表 5-3　常用乳化剂的 CMC 和三相平衡点

名称或分子式	相对分子质量	三相平衡点/℃	使用温度/℃	CMC(50 ℃)	
				/(mol/L)	/(g/L)
$C_{11}H_{23}COONa$	222	36	20～70	0.05	5.6
$C_{13}H_{27}COONa$	250	53	50～70	0.0065	1.6
$C_{15}H_{31}COONa$	278	71	50～60	0.00044	0.13
$C_{12}H_{25}SO_4Na$	288	20	35～70	0.009	2.6
$C_{12}H_{25}SO_3Na$	272	33	20～60	0.011	2.3
$C_{12}H_{25}C_6H_4SO_3Na$	349	—	50～70	0.0012	0.4

　　非离子型乳化剂不存在三相平衡点而只有浊点。所谓浊点,指一定浓度下非离子型乳化剂具有乳化作用的最高温度,高于此温度时乳化剂与水发生相分离,不再具有乳化作用。因此,选择非离子型乳化剂时必须保证其浊点高于使用温度。

3. 乳化作用

　　将不溶或难溶于水的单体加入含有乳化剂的水中并进行搅拌,达到平衡后单体将以表 5-4 中所列出的 3 种形态存在。

表 5-4　油溶性单体在乳化剂水溶液中的存在状态

存在形态	分子分散	进入胶束	单体液滴
绝对量/份	<1	1～5	>95
粒子浓度/(个/cm³)	10^{18} 分子	10^{16} 增溶胶束	10^{10}～10^{12} 液滴
粒子直径/nm	10^{-1}	5	>10^4
粒子总表面积/(m²/cm³)	—	80	3

　　上表中数据表明,单体饱和溶解于水后,相当部分单体将按照相似相溶原理进入胶束,这种包容有单体的胶束称为增溶胶束,处于热力学稳定状态。由于乳化剂的存在而增大了难溶单体在水中溶解度的现象称为增溶。如果没有乳化剂存在,多数烯烃单体在水中的溶解度都很低。例如,室温下苯乙烯、丁二烯、氯乙烯、甲基丙烯酸甲酯和乙酸乙烯酯在水中的溶解度分别为 0.07 g/L、0.8 g/L、7 g/L、16 g/L 和 25 g/L。而在乳化剂水溶液中,苯乙烯的溶解度可达到 1%～2%,提高了 3～4 个数量级,可见胶束增溶作用十分显著。

4. 乳液聚合的三个阶段

乳液聚合过程可分为三个阶段,分别介绍如下。

(1)第一阶段是乳胶粒形成阶段,也称为成核期,其特征是乳胶粒、增溶胶束和单体液滴三者共存于乳液中。乳胶粒是指内部含有活性链自由基或大分子的胶束。

在反应的起始阶段,溶解在水中的引发剂首先生产初级自由基,并进行链引发和链增长。随着自由基的链增长,其溶解性逐渐下降,并进入胶粒中(胶束成核)或团聚(均相成核)成核,从而形成乳胶粒。乳液聚合反应中一般同时存在胶束成核和均相成核,究竟哪种成核方式占主导地位主要取决于单体和寡聚物在水中的溶解度。一般水溶性差的单体,如苯乙烯的乳液聚合主要是胶束成核;水溶性较好的单体,如乙酸乙烯酯的乳液聚合主要是均相成核。

虽然绝大部分单体以液滴的形态存在于水中,但是由于增溶胶束的尺寸远小于单体液滴的尺寸(二者直径分别为 $0.1\sim100~\mu m$ 和 $100\sim1000~\mu m$),增溶胶束的数目要比单体液滴的数目大 $4\sim6$ 个数量级(表 5-4),所以其总表面积远远高于单体液滴的总表面积。自由基因此主要进入到增溶胶束中,并且聚合反应也主要在增溶胶束/乳胶粒中发生。

由于胶粒内部空间极小,若进行链增长的胶粒中进入第二个自由基,两个自由基很快会相遇并进行双基终止。此时,胶粒转变成含大分子和单体但不含活性链的“死”胶粒。直到下一个自由基进入胶粒,开始新的聚合反应。

由于在聚合开始阶段增溶胶束的数量远远多于胶粒数量,因此随着反应的进行胶粒数逐渐增加。另一方面,胶粒内部的链增长反应速度显著快于引发剂分解反应。以上两个因素导致胶粒内的单体消耗迅速,这必然会导致单体源源不断地从液滴通过水相扩散进入胶粒,以补充快速消耗的单体。

与此同时,随着乳胶粒体积不断增大,需要更多乳化剂分子对其表面进行包覆以稳定乳胶粒。这些乳化剂分子主要来源于尚未被引发的增溶胶束和体积慢慢变小的液滴表面。实验结果表明,乳液中真正能够转化成乳胶粒的增溶胶束其实是极少数,而绝大部分增溶胶束被先期聚合的胶粒所“分化瓦解”。

当所有未被引发的增溶胶束消耗殆尽,乳液中只有胶粒和单体液滴存在的时候,则意味第一阶段结束。此时单体转化率可达到 $2\%\sim15\%$,视单体种类而定。一般水溶性高的单体(如乙酸乙烯酯)第一阶段持续时间短且转化率低;而水溶性低的单体(如苯乙烯)本阶段的持续时间长且转化率高。

(2)第二阶段是恒速阶段,此时体系中胶粒和单体液滴共存。由于增溶胶束已经消失殆尽,体系中的胶粒数目恒定不变。从统计学角度分析,乳胶粒中的一半是正在进行着链增长的活胶粒,另一半则是已发生链终止的"死"胶粒。此时,乳胶粒增大需要的单体和乳化剂分子主要由液滴提供,直到液滴耗尽,这意味着恒速阶段结束。

(3)第三阶段是反应完成阶段。此阶段的特点是体系中只有胶粒存在,胶粒内单体逐渐减少,聚合速率自然逐渐降低。这个过程一直进行到胶粒内的单体完全转化成聚合物为止。该阶段由于单体和自由基浓度的降低,以及乳胶粒黏度的增加,反应速率会下降,且单体难以真正达到100%转化率。为了推动反应进行,一般需要提高反应温度。

三、主要仪器与试剂

1. 仪器

三口烧瓶、回流冷凝器、温度计、水浴锅、电动搅拌器、滴液漏斗、小烧杯、量筒、广泛 pH 试纸、旋转黏度计、烘箱、分析天平。

2. 试剂

乙酸乙烯酯、过硫酸铵、聚乙烯醇(1788)、乳化剂(OP-10)、十二烷基磺酸钠、碳酸氢钠、蒸馏水。

四、实验步骤

1. 聚乙酸乙烯酯乳液的合成

(1)配制聚乙烯醇水溶液。在烧瓶中加入 80 mL 蒸馏水,置于热水浴,使温度升至 80 ℃,缓慢加入聚乙烯醇 5.0 g 并使其完全溶解。将所得溶液过滤除去不溶物,室温下静置 10 h 备用。聚乙烯醇是一种非离子型乳化剂,它除了起乳化作用外,也起保护胶体和增稠剂的作用。在小烧杯中将 0.5 g 过硫酸铵溶于 10 mL 水中。

(2)降温至 70℃,停止搅拌,加入 0.6 g 十二烷基磺酸钠和 1 g 乳化剂 OP-10 后开启搅拌,再加入 20 g 乙酸乙烯酯,最后加入 5 mL 过硫酸铵溶液,控制反应瓶内温度在 70 ℃左右。

(3)随着反应进行,体系呈现淡蓝色,表明有乳胶粒生成,15 min 后缓慢滴加 40 g 乙酸乙烯酯,滴加过程控制在 2 h 左右。(注意:按要求严格控制单体滴加速度,滴加过快会导致破乳。)滴加后期,加入 2.5 mL 过硫酸铵溶液。

(4)将温度升高到 80 ℃,反应 0.5 h 后撤除恒温浴槽,继续搅拌冷却至 50 ℃,加入 0.5 g 碳酸氢钠。碳酸氢钠主要用于调整体系的 pH 值,从而稳定乳液。此白色乳液可直接作黏合剂使用(俗称白胶),也可加水稀释并混入色浆制成各种颜色的油漆(即为乳胶漆)。

2. 聚乙酸乙烯酯乳液的性能测试

(1)固含量测试。取 2～3 g 乳液置于干燥表面皿中,放于 110 ℃烘箱中至恒重。计算固含量 T_S:

$$T_S = \frac{m_2 - m_0}{m_1 - m_0} \tag{5-6}$$

式中,m_0 为表面皿质量;m_1 为干燥前样品质量与表面皿质量之和;m_2 为干燥后样品质量与表面皿质量之和。

(2)黏度测定。采用流变仪测定乳液的黏度。

(3)剪切强度的测定。

试样规格:80 mm×25 mm×3.5 mm 的三合板及木板。

试样制作:在两个黏结面涂胶,搭接面积为 25 mm×25 mm,轻压后,室温下固化三天制得试样。

根据化工行业标准《HG/T 2727—2010　聚乙酸乙烯酯乳液木材胶黏剂》进行实验。采用电子万能实验机进行测试,拉伸速率为 5 mm/min。

五、实验报告要求

实验报告包括:实验题目、实验目的、实验原理(自己的理解)、实验步骤、实验记录、数据处理、结果和讨论、分析与思考。

(1)根据理论知识分析和解释实验现象;

(2)计算固含量,独立完成实验报告。

六、思考题

(1)乳化剂浓度对聚合反应和产物分子量有何影响?

(2)要保持乳液体系的稳定应采取什么措施?

(3)制备黏接测试试样有什么需要注意的事项?

实验十九　温度敏感聚合物的制备与性能

近年来,高分子智能材料由于其独特的智能响应性,在设计、开发及应用方面都表现出了巨大的潜力,未来将对人们的日常生活和工业生产产生广泛的影响。智能聚合物,又称刺激响应聚合物,是指一类具有"智能"行为的大分子体系,即当外界环境如温度、pH、光、压力、电场强度、磁场强度、离子强度或化合物浓度等改变时,大分子会做出相应的链构象或分子结构上的转变,进而表现为外在的可检测到的宏观性质变化,如宏观的相转变现象。

温度敏感聚合物(也称为温度响应型聚合物),是智能聚合物中应用最广泛、开发种类最多的一类智能材料。这主要是因为温度变化是环境中最常见也最容易控制的一种刺激因素,因此可以在组织工程、伤口保护、细胞治疗、传感器制造以及药物递送等领域获得应用。

一、实验目的

(1)了解温度敏感聚合物的概念;

(2)掌握温度敏感聚合物聚异丙基丙烯酰胺的制备方法;

(3)理解聚异丙基丙烯酰胺 LCST 行为的机制。

二、实验原理

1. 温度敏感聚合物的特性

在温度敏感聚合物中一般存在着一种或两种相转变现象。以最常见的相变行为为例,当聚合物溶液的温度低于某个临界温度时,聚合物可以在溶剂中完全溶解,表现出均一稳定的澄清溶液状态;然而,随着温度上升至临界温度时,聚合物在溶液中的溶解度急剧下降,从而发生相分离。宏观上,该类聚合物溶液呈现低温澄清、高温浑浊的现象,因此其特征转变温度又称为浊点温度(cloud point temperature,T_{CP})。将不同浓度聚合物溶液的浊点对其组分作图,可得溶液的溶解性相图。如图 5-6(a)所示,溶液的浊点随浓度变化呈现正抛物线形状,并且具有最低值,该最低温度点被称为下临界溶解温度(lower critical solution temperature,LCST);而该温度改变引发相转变现象被称为 LCST 行为,该聚合物被称为 LCST 型聚合物。

　　常见的 LCST 型聚合物一般都是以水为溶剂的,该类型聚合物对于温度的响应通常表现出快速、剧烈以及可逆的相转变现象,这是因为驱动相转变的动力是温度变化导致的熵变化。具体而言,低温下聚合物部分基团与水形成氢键,而温度升高可导致氢键被破坏,导致形成氢键的水脱离聚合物表面,该过程对水而言是一个熵增加的过程,因此可以自发且迅速地进行。常见的 LCST 型聚合物有聚(N-异丙基丙烯酰胺)(PNIPAM),聚(2-乙基-恶唑啉)(PEOx)、聚(甲氧基二乙二醇甲基丙烯酸酯)(PDEGMA)等。上述聚合物一般都具有良好的生物相容性,在生物医学方面有着广泛的应用价值。

　　除了合成的聚合物之外,一些天然的高分子聚合物也具有温度敏感特性。美国食品药品管理局已经批准了一部分天然的温度敏感聚合物在商业上的应用,其中主要包括各类纤维素衍生物,例如甲基纤维素(MC)(LCST 为 40 ℃)、羟丙基纤维素(HPC)(LCST 为 45 ℃)、羟丙基甲基纤维素(HPMC)(LCST 为 69 ℃)。这些纤维素衍生物经常被用作各种涂层和接枝材料的骨架,在生物可降解材料、热敏性传感器和温度敏感凝胶等领域都具有广泛的应用。

　　与 LCST 型温度敏感聚合物具有相反性能的是上临界溶解温度(upper critical solution temperature,UCST)型聚合物,如图 5-6 (b)所示。该类聚合物在低温下一般具有较强的分子间相互作用,导致无法溶解在特定溶剂中;而在升高温度后,分子间作用减弱,聚合物与溶剂分子之间在吸引作用主导下诱导聚合物发生溶解,溶液从浑浊状态转变为澄清透明。UCST 型聚合物的浊点在相图中呈现倒抛物线形状,并且具有最高温度点,该温度点就是聚合物的 UCST。

　　丙烯酰胺和丙烯酸按照特定比例形成共聚物的 UCST 约为 25 ℃。当温度较低时,两种单体单元之间可以通过氢键形成稳定的网络结构;当温度升高时,氢键减弱,网络结构随之崩溃。此外,脲基衍生的聚合物同样有较多种类具有 UCST 行为,通过调整单体的比例、共聚物的种类以及分子量,可以对聚合物的 UCST 进行调控。

　　除了单纯具有 LCST 或者 UCST 行为的聚合物,还有一些温度敏感聚合物可以同时拥有 LCST 和 UCST 两种行为。由于这类聚合物较少,本书不做详细介绍。

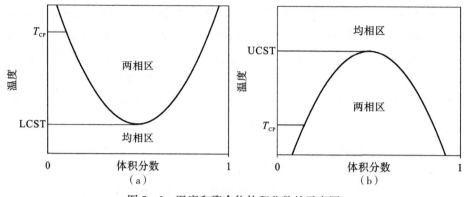

图 5-6　温度和聚合物体积分数的示意图
(a)LCST 现象；(b)UCST 现象

2. 聚异丙基丙烯酰胺

在诸多温度敏感聚合物中，最常见也是研究最多的一类高分子就是聚(N-异丙基丙烯酰胺)(PNIPAM)。PNIPAM 的 LCST 在 32 ℃左右，和人体体温接近，因此在生物医药领域具有巨大的应用潜力。PNIPAM 的温度响应性是由于聚合物与水溶液两者的非共价键和疏水性平衡的变化，聚合物单体上存在两个可形成氢键的基团，其中酰胺基的质子可作为给体，羰基的氧原子可作为受体。当温度低于 LCST 时，NIPAM 倾向于和水形成氢键；当温度上升后，NIPAM 则倾向于通过分子间疏水相互作用而溶出，形成聚合物链的微观和宏观团聚析出。

本实验首先通过原子转移自由基聚合方法制备 PNIPAM，聚合反应方程式如图 5-7 所示。随后对聚合物纯化，制备聚合物水溶液并观察其温度响应行为。

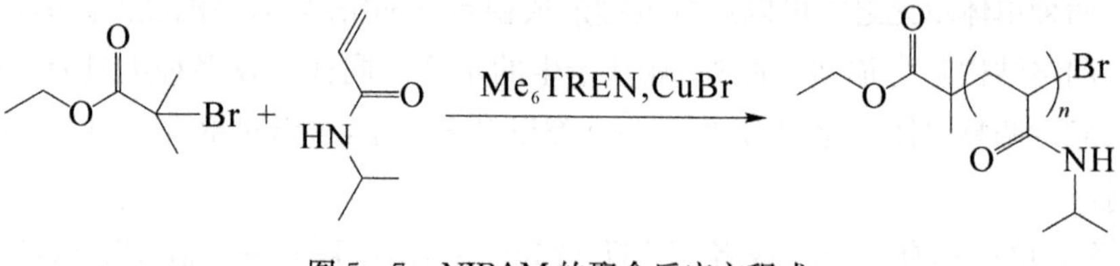

图 5-7　NIPAM 的聚合反应方程式

三、主要仪器与试剂

1. 仪器

单口烧瓶、磁力搅拌器、烘箱、分析天平烧杯、一次性样品瓶(2 mL)、滤纸。

2. 试剂

N-异丙基丙烯酰胺、过硫酸铵、蒸馏水、二甲基亚砜、2-溴代异丁酸乙酯、三(2-二甲氨基乙基)胺(Me₆TREN)、CuBr。

四、实验步骤

1. 聚合物的制备

(1)NIPAM 单体的预处理。在 500 mL 的烧杯中加入 15.0 g 的 NIPAM 单体,用 100 mL 的甲苯溶解,待完全溶解后过滤除去不可溶的杂质。向滤液中加入 400 mL 石油醚,并放置于冰箱中冷藏静置 2 h 得到白色针状晶体,过滤得到白色固体。上述过程重复操作两次后,收集白色固体产物并将其放入 40 ℃真空烘箱干燥 48 h,得到干燥的 NIPAM 单体。

(2)依次将 32 mL 二甲基亚砜、0.156 g 2-溴代异丁酸乙酯、0.91 g NI-PAM、18.4 mg Me₆TREN 加入到 100 mL 的烧瓶中,室温下搅拌使所有药品充分溶解并混合均匀,向瓶中持续鼓入氮气 30 min。

(3)在氮气气氛下,向烧瓶中迅速加入 0.115 g CuBr 引发反应(CuBr 的预处理与 CuCl 类似)。室温下进行反应 1 h 后打开烧瓶封口,停止反应。

(4)反应后的混合溶液经乙醇稀释后通过中性氧化铝柱除去铜盐。流出的溶液经浓缩之后加入大量乙醚,得到白色沉淀。将白色沉淀溶解于乙醇后,重复进行沉淀操作。将得到的白色沉淀收集并在 50 ℃真空烘箱中干燥 10 h,得到白色固体产物。

2. 聚合物温度敏感行为观察

(1)在 2 mL 样品瓶中加入 5 mg PNIPAN 和 1 mL 蒸馏水,室温下摇晃样品瓶,待聚合物完全溶解。

(2)将样品瓶握于手中 2~3 min,观察样品浑浊度。

(3)样品放在实验台上静置片刻后,观察样品浑浊度。

(4)将澄清样品置于不同温度(30 ℃、31 ℃、32 ℃、33 ℃、34 ℃、35 ℃)水浴锅中,观察样品浑浊程度,确定该溶液的浊点。

五、实验报告要求

实验报告包括:实验题目、实验目的、实验原理(自己的理解)、实验步骤、实验记录、数据处理、结果和讨论、分析与思考。

(1)根据理论知识分析和解释实验现象；

(2)计算浊点,独立完成实验报告。

六、思考题

(1)用激光笔照射不同温度下的样品,说明光路变化的原因。

(2)温度敏感聚合物有什么应用前景?

实验二十　　温度响应高分子微凝胶的水相制备与表征

高分子凝胶是一类具有交联网络结构、在溶剂中溶胀而不溶解的高分子材料,是软物质前沿探索对象之一,近年来获得了快速发展。将凝胶颗粒的粒径控制在微纳米尺度可制得微纳米凝胶。高分子微凝胶兼具高分子与胶体的性质,在食品、生物医药、生物传感器、物质运输等领域具有很好的应用前景。

在本实验中,我们以研究起步较早、受广泛关注的聚异丙基丙烯酰胺温度响应微凝胶作为实验对象,通过凝胶制备和温度响应性能测试,深入理解温度响应微凝胶这一新的材料体系。

一、实验目的

(1)了解高分子微凝胶制备的基本方法；

(2)了解动态激光光散射法的原理及其在高分子研究中的运用。

二、实验原理

1. 微凝胶简介

高分子微凝胶的制备方法主要包括:单体聚合法、高分子交联法、纳微米制造加工法等。其中,单体聚合法具有很强的设计性,因此获得了广泛关注。单体聚合法主要分为均相聚合法和异相聚合法。均相单体聚合法一般在极稀溶液中进行,随着聚合过程中聚合物链的增加,其溶解性逐渐变差,从而导致聚合物形成的无规线团蜷缩成小球。根据理论分析,该小球是一个热力学稳定的单链小球。异相单体聚合法指在乳化剂存在下发生的聚合反应,避免聚合物团聚,以形成微凝胶。异相单体聚合法具有操作简单、可宏量制备的优势,因此常用于制备微凝胶。

聚（N-异丙基丙烯酰胺）（poly（N-isopropyl acrylamide））是一种被誉为温度响应聚合物"黄金标准"的聚合物。通过 N-异丙基丙烯酰胺单体与适当交联剂等在引发剂引发下制备获得聚（N-异丙基丙烯酰胺）微凝胶。该凝胶是研究起步较早且受广泛关注的温度响应高分子微凝胶，聚合反应如图 5-8 所示。

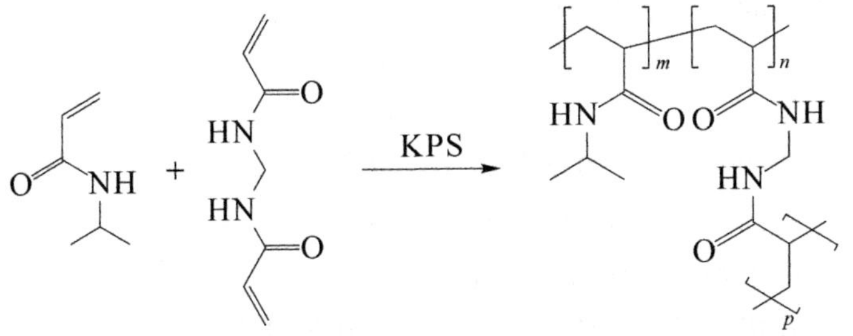

图 5-8　PNIPAM 微凝胶制备反应

温度响应微凝胶的重要特点在于，在较低温度下凝胶与水相容性好，聚合物网络处于溶胀状态，因此微凝胶尺寸较大且透光率较高；而随着温度升高，聚合物网络与水相容性变差，微凝胶首先收缩，随后进行团聚形成大颗粒，并导致溶液透光率下降。对于 PNIPAM 微凝胶而言，由于其大分子侧链上同时具有亲水性的酰胺基—CONH—和疏水性的异丙基—$CH(CH_3)_2$，凝胶网络相邻两个交联点之间的 PNIPAM 分子链在 32 ℃ 附近由扩展构象变为收缩，由相对亲水性转变为相对疏水性，使微凝胶发生相转变而产生体积收缩，颗粒变小，且易因水溶性变差而析出和产生浑浊，使得透光率下降。

为了表征 PNIPAN 微凝胶的温度响应行为，将使用紫外-可见分光光度计测试微凝胶溶液透光率随温度的变化，同时使用动态激光光散射仪器来测试微凝胶的尺寸和粒径分布随温度的变化情况。

2. 动态光散射

动态激光光散射法（dynamic light scattering，DLS），也称光子相关光谱（photon correlation spectroscopy，PCS）或者准弹性光散射（quasi-elastic scattering），是通过测量样品散射光强度起伏的变化来得出样品颗粒大小信息的一种方法。DLS 方法测量粒子粒径具有准确、快速、可重复性好等优点，已经成为纳米科技中比较常规的一种表征方法。

光在传播时遇到颗粒物，一部分光会被吸收，一部分光会被散射掉。如果颗粒静止不动,散射光发生弹性散射时能量和频率均不变,可以检测到振幅较低且频率相同的散射光。然而,样品中的颗粒不停地做布朗运动(Brownian motion),这种运动导致了散射光产生多普勒频移(Doppler shift),此时可以检测到振幅较低且频率变化的散射光,如图 5-9 所示。动态激光光散射方法就是根据这种微小的频率变化来测量溶液中颗粒的扩散系数 D,并根据斯托克斯-爱因斯坦方程计算粒子的动力学直径(hydrodynamic diameter,d_h)。

$$d_h = \frac{kT}{3\pi\eta D} \tag{5-7}$$

式中,k 为玻尔兹曼常数;T 为绝对温度;η 为溶液的黏度。当体系黏度一定时,由于实验样品溶剂、温度是确定的,扩散的快慢只与平均动力学直径 d_h 相关,由此可求出颗粒的平均流体动力学直径。

动力学直径指粒子在液体中运动时粒子和包裹在其表面并随其一起运动的介质所形成球体的直径。若粒子的形状为非球形,则测得的动力学直径代表该粒子与动力学直径为 d_h 的球形粒子具有相同的扩散系数。

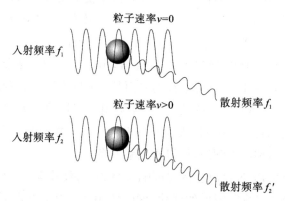

图 5-9　动态激光光散射原理图

三、实验仪器和试剂

1. 仪器

恒温磁力搅拌器、标准磨口三颈瓶、球形冷凝器、磁子、玻璃塞、橡胶塞、烧杯(5 mL)、玻璃棒、移液枪(1 mL)、一次性滴管、高速离心机、紫外-可见分光光度计、动态光散射仪(图 5-10)、涡旋振荡器。

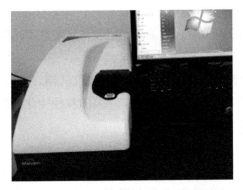

图 5-10　ZETA SIZER 动态光散射仪

2.试剂

N-异丙基丙烯酰胺、N,N-亚甲基双丙烯酰胺、十二烷基硫酸钠(SDS)、过硫酸钾。

四、实验步骤

1. 温度响应高分子微凝胶的制备

(1)在装有搅拌器、冷凝器和氮气连通器的三口烧瓶中加入 45.0 mL 去离子水,依次加入 N-异丙基丙烯酰胺 0.8 g、N,N-亚甲基双丙烯酰胺 0.05 g、十二烷基硫酸钠 0.03 g,搅拌使单体溶解。

(2)在搅拌条件下通氮气 0.5 h。

(3)称取过硫酸钾 0.05 g 溶解于 5.0 mL 蒸馏水中。将该过硫酸钾溶液加入到三口瓶中。升温至 80 ℃,反应 3 h。

(4)撤去热源,冷却至 40 ℃附近。将样品移至离心管,用高速离心机进行离心分离;倒去上层清液,下层产物重新分散于 50.0 mL 去离子水中。如此反复三次。

2. 温度响应高分子微凝胶的表征

(1)在干净的样品瓶中加入微凝胶分散液 0.5 mL 和去离子水 20.0 mL,使用涡旋振荡器分散 5 min,然后静置 0.5 h 形成测试样品。

(2)观察样品的温度响应性。在室温下微凝胶吸水膨胀,宏观上澄清透明;而在较高温度下,聚合物与水之间相互作用变差,聚合物发生相分离,导致溶液浑浊。

(3)使用紫外-可见分光光度计测量微凝胶稀溶液在不同温度下(20～40 ℃)的透光率。

(4)使用干净的玻璃针筒注射器和针头式过滤器,过滤,除尘。使用动态光散射仪测量微凝胶在不同温度下(20～40 ℃)的粒径变化情况。

五、实验报告要求

实验报告包括:实验题目、实验目的、实验原理(自己的理解)、实验步骤、实验记录、数据处理、结果和讨论、分析与思考。

(1)根据理论知识分析和解释实验现象;

(2)独立完成实验报告。

六、思考题

(1)如何减少灰尘等因素对动态光散射法表征结果的影响?

(2)这种温度响应高分子微凝胶有哪些潜在的应用?

拓展阅读五

可降解聚合物

可降解聚合物是一类特殊的聚合物,经过水解、细菌分解等过程在其预期寿命之后分解成为小分子,如气体(CO_2、N_2)、水和无机盐等无害产物。这些聚合物既可以天然存在,也可以通过人工合成制备,其主链一般含有酯、酰胺和酸酐等可降解功能基团。

可降解聚合物具有悠久的历史,尤其是天然聚合物,如羊肠线作为缝合线的应用可以追溯至公元100年左右。最初的羊肠线是由羊的肠子制成的,但现代的羊肠线是由从牛、羊或山羊的小肠中提取的纯化胶原制成。

合成可降解聚合物的概念最早是在20世纪80年代提出的。国内外大型超市在2010年起开始推动使用生物降解袋。2012年,康奈尔大学的Geoffrey Coates教授获得总统绿色化学挑战奖,将生物降解聚合物的关注度推上了新的高度。截至2013年,塑料市场中5%～10%的市场关注点集中在生物降解聚合物衍生的塑料上。

聚酯是最重要、研究最多的可降解聚合物材料之一。聚酯的种类繁多,一般以合成聚酯使用的单体对其进行分类,每种聚合单体都赋予聚合物不同的特性和性质。如丙交酯、乙交酯等环状单体通过开环聚合可获得具有优异生物相容性和可降解性的聚乳酸(PLA)和聚乙醇酸(PGA)。丙交酯来自可再生的植物资源,如玉米淀粉的生物发酵,其聚合产物聚乳酸能被自然界中的微生物完全降解,最终生成二氧化碳和水,是不污染环境、环境友好的材料。并且,聚乳酸热稳定性高,机械性能和物理性能良好,可通过多种方式,如纺丝、双轴拉伸、注射吹塑等进行加工,已被广泛应用于各类塑料制品。目前仅有少数国家,如美国、中国等掌握了从丙交酯到聚乳酸的全部制备工艺。我国的相关技术主要由中国科学院长春应用化学研究所开发。

可降解聚合物在包装、农业和医学等领域都有广泛的应用。发展可降解聚合物被认为是人类应对白色污染和微塑料污染的重要举措,受到了全世界主要国家的高度重视。

可降解聚合物最常见的应用莫过于包装材料等短期使用的产品了。根据长春应化所的技术,普立思生物科技有限公司的可降解聚合物产品覆盖了包装、薄膜、一次性制品、医用、纺织等多个领域。巴斯夫推出一款名为 ecovio® 的产品,这是一种可堆肥和可生物降解的优质聚合物。它由可生物降解的巴斯夫聚合物 ecoflex® 和聚乳酸(PLA)共混制成。除了用于各种塑料膜,如购物袋或有机废物袋,ecovio® 还可以用来制备热成型和注塑制品。

可生物降解聚合物在生物医学领域也具有广泛的应用,特别是在组织工程和药物递送领域。将毒性较高的治疗药物,如抗癌药包裹在聚合物中可降低药物对健康细胞的毒性,在载药系统达到病灶点后,药物载体将其负载的药物释放并降解为无毒分子,然后通过自然代谢途径从体内排出。聚乳酸、聚乳酸-乙二醇酸共聚物和聚己内酯等可生物降解的聚合物目前已被用于携带抗癌药物。另外,可降解聚合物也在组织工程、人工骨、可吸收缝合线等领域大放异彩。

可降解聚合物的发展也面临着诸多的挑战。首先,可降解聚合物的力学性能,如强度一般仍较低,这就严重限制了其广泛应用。其次,可降解聚合物原料主要来自于粮食如玉米,这不但可能加大我国的粮食安全挑战,而且制备单体的生物发酵过程也带来了一定的环境污染。最后,可降解聚合物的生产技术仍不够成熟,劳动力和原材料成本仍相对较高。

　　可降解聚合物是一类全新的、具有极大发展潜力的材料。最初可降解聚合物的发展驱动力主要来自于能源危机与环境污染，但是随着可降解聚合物的研发和应用，新的应用场景被开发出来，新的市场被挖掘，为高分子科学和产业的发展带来了新的机遇。这也验证了一句名言："风险与机遇并存，挑战与发展同在"。

参考文献

[1] 宋月贤,吴宏京. 高分子化学与物理实验指导书[M]. 西安:西安交通大学出版社,2022.

[2] 张建勋,席生歧. 材料组织性能与加工技术独立实验[M]. 西安:西安交通大学出版社,2015.

[3] 汪存东,谢龙,张丽华,等. 高分子科学实验[M]. 北京:化学工业出版社,2018.

[4] 李谷,符若文. 高分子物理实验[M]. 2版. 北京:化学工业出版社,2015.

[5] 何卫东,金邦坤. 高分子化学实验[M]. 3版. 合肥:中国科学技术大学出版社,2021.

[6] 张来英,兰如月,刘志红,等. 温度响应高分子微凝胶的水相制备与表征——介绍一个大学化学综合实验[J]. 大学化学,2021,(02):82-87.

[7] 陈彦涛,胡惠媛,杨波,等. 聚合物链状分子的构象统计——推荐一个高分子实验[J],大学化学,2022,(07):119-124.

[8] 张新龙,李美青,李湘,等. 海藻酸钠水凝胶的研究进展[J]. 材料科学,2023,13:579-588.

[9] VARAPRASAD K, RAGHAVENDRA G, JAYARAMUDU T, et al. A mini review on hydrogels classification and recent developments in miscellaneous applications[J]. Materials Science and Engineering, 2017, 79: 958-971.

[10] BROWNLEE I, ALLEN A, Pearson J, et al. Alginate as a source of dietary fiber [J]. Critical Reviews in Food Science and Nutrition, 2005, 45: 497-510.

[11] QIAO S L, WANG H. Temperature-responsive polymers:Synthesis, properties, and biomedical applications[J], Nano Research, 2018, 11: 5400-5423.